KB267448

행복한 아이는
무엇으로 성장하는가

행복한 아이는 무엇으로 성장하는가

- 영혼이 강한 아이로 키우는 마음교육 -

하진옥 지음

세종 MEDIA

추천사 1

참교육은 교육정책에만 의지하여 이룰 수 있는 것이 아닙니다. 많은 교육자가 교육 일선에서 부단히 애쓰며 아이들을 이끌고 있지만 부모의 사랑과 올바른 가정교육이 뒷받침되지 않는다면 참교육은 더더욱 실현 불가능한 꿈이 될 것입니다.

연일 언론을 떠들썩하게 하는 상처받은 아이들의 범죄는 결국 불안정한 가정 환경 탓이 클 것입니다. 여기에 부모의 비뚤어진 자식 사랑과 더불어 인성교육의 부재를 불러온 입시 경쟁의 현실 또한 무시할 수 없을 것입니다.

성과 위주의 삶을 살아야만 하는 대한민국 경쟁 사회에서 부모마저 아이들의 마음을 어루만져주지 못한다면 우리의 미래는 더욱 부정적일 수밖에 없습니다. 긍정적이고 밝은 마음의 창조적 인재는 참교육을 실천한 가정과 교육 현장에서만 탄생합니다.

이런 점에서 하진옥 원장의 진심과 따스함이 담긴 이 책은 우리 아이들의 마음을 더욱 튼튼하고 건강하게 하여 굳건한 대한민국의 미래 인재로 자리매김하게 할 것입니다.

_ 국회의원 류지영

참교육을 실천하겠다는 교육자들을 만나기란 쉽습니다. 그런데 말뿐이 아닌 행동으로 초심을 평생 유지하며 참교육을 행하는 교육자를 만나기란 쉽지 않습니다.

학교 폭력과 왕따를 넘어 날로 심각해지는 청소년 범죄……. 따지고 보면 이 모든 게 우리 어른들의 잘못에서 비롯된 것임을 통감합니다. 무엇보다 우리 아이들의 마음을 제대로 어루만져주지 못한 잘못이 가장 클 것입니다.

그래서 나는 하진옥 원장님의 '마음교육'을 높이 삽니다. 아이들의 손짓, 발짓, 몸짓 하나하나를 바라보는 그녀의 눈빛은 언제나 따스합니다. 동시에 예리합니다. 그녀는 무엇이 아이의 마음을 아프게 했는지 정확히 판단하고 상처받은 마음을 진심으로 어루만져 치유해줍니다. 이는 그녀의 참교육을 경험한 많은 아이의 현재 모습만 봐도 알 수 있습니다.

이 책은 수많은 부모에게 명쾌한 육아 길라잡이가 되어 새로운 희망을 줄 것입니다. 그녀의 진정성 있는 자녀교육 철학이 우리 아이들을 행복하게 만들 것이라 믿습니다.

_ MBC TV 특강 프로듀서 하현제

부모의 길을 걷기, 스승의 길을 걷기에는 소명의식과 사명감이 있어야 합니다.

무수하고 다양한 일 가운데 인간의 생명을 다루는 일에는 눈에 보이지 않는 무한한 사랑과 정성, 덕을 쌓는 행위가 반드시 필요합니다.

하진옥 원장은 오랫동안 연을 맺어온 나의 제자이자, 지금은 스승이 되어버린 나의 보물 1호입니다.

생명을 향한 남다른 찬사와 깊은 기도로 사랑의 교육을 실현하는 하 원장에게 존경심을 표합니다.

하 원장이 추구하는 '내면의 힘'을 기른 어린이들이 대한민국의 밝은 미래를 이끌어가길 바랍니다. '하진옥 정신'을 통해 하 원장을 닮은 훌륭한 교사들이 더 많이 배출되기를, 자녀를 올바로 양육하는 지혜로운 학부모들이 더 많아지기를 소망합니다. 이 책이 그 이정표가 될 것입니다.

_ 수녀 정율리아

평소 원장님의 교육 철학을 가까이에서 지켜본 학부모로서 이 책의 출간을 진심으로 환영하고 기쁘게 생각합니다.

원장님이 실천해오신 마음교육은 내 아이를 어떻게 사랑해주어야 하는지 부모로서의 내 모습을 점검하게 합니다. 사랑하는 마음이면 다 될 것 같지만, 그 사랑을 바탕으로 하는 우리의 표현이 어떠하냐에 따라 아이들은 상처를 받기도 하고 아름답게 성장하기도 합니다.

원장님의 '엄마 코칭 수업'을 통해 엄마인 나 자신을 돌아보고 아이를 나의 거울처럼 여기며 진심을 다해 제대로 사랑하는 법을 배울 수 있었습니다.

항상 웃는 얼굴과 따스한 목소리로 아이들의 마음을 어루만져주시는 원장님께 진심으로 감사의 마음을 전합니다. 아울러 이 책이 다른 엄마들에게도 많은 교훈이 되어줄 것이라 기대합니다.

_ 분당 초등학교 5학년 학부모 강여선

Prologue

나는
그 아이를 잊지 못한다

매일 아침, 나는 부푼 가슴을 안고 출근한다. 오늘은 또 어떤 아이가 해맑은 표현으로 나를 웃게 할지, 설렘의 연속이다.

하지만 늘 행복한 하루가 되는 것은 아니다. 아이들의 얼굴 표정에 드리워진 작은 그림자 하나에도, 무심코 지나칠 수 있는 어색한 몸동작 하나에도, 우리 어른들이 관심과 사랑으로 살펴야 할 많은 이야기가 담겨 있기 때문에 늘 긴장해야 한다.

행복한 이야기를 담은 아이의 표정은 걱정이 없다. 그러나 상처를 감추고 있거나 분노의 싹을 가슴에 심은 아이를 만나면 내 가슴은 더없이 날카로운 손톱으로 생채기가 난 것처럼 쓰리고 아파온다. 아이를 품에 안고 사랑하는 마음을 전해주려 해도 단단하게 얼어붙은 마음이 쉽게 녹지 않을 때면 기어코 나도 모르게 눈물이 쏟아지는 것을 어쩌지 못한다.

많은 부모님이 나에게 묻는다. 대체 우리 아이가 왜 이런 거죠? 왜 반대로 행동하는 걸까요? 왜 엄마, 아빠에게 화를 내는 거죠? 왜 아이가 매사에 짜증내고 울기만 할까요? 대체 왜요?

나는 거꾸로 부모님들께 묻는다. 왜 당신의 아이가 이렇게 상처받고 보이지 않는 눈물을 흘리며 우울한 얼굴을 하고 있을까요? 아이의 마음을 들여다보신 적은 있나요? 아이의 마음을 읽어주긴 하나요? 그 사랑의 방법이 정말 최선일까요?

대개의 부모님들은 나의 질문에 침묵하며 말을 잃는다. 아이가 그동안 느껴왔을 아팠던 시간들이 전해졌음이 분명하다. 살을 에는 듯한 고통을 느끼며 뜨겁게 눈물을 흘리는 부모님의 손을 맞잡는 나의 마음 또한 따갑고 아프다.

자녀 때문에 속상해하는 부모 대부분이 그들 역시 성장할 때 행복한 아이가 아니었다는 사실은 참으로 속상하고 슬픈 일이다. 그리고 그렇게 상처받고 자란 아이들은 나중에 부모가 되어서도 자기 아이를 사랑하는 방법을 몰라 비슷한 아픔을 대물림하곤 한다.

세상은 이제 아이들이 단단한 마음을 가지지 않으면 살아가기 힘들 만큼 무섭고 각박한 환경이 되었다. 그래서 우리 어른들이 아이의 마음 구명보트가 될 수 있도록 나서야 할 때다.

그것은 사랑이라야 가능하다. 부모가 자녀에게 베푸는 무한대의 조건 없는 사랑이 필요하다. 그리고 '진심'이어야 한다. 사랑을 담보로 한 진심은 자녀의 갈등과 고민을 어루만지는 유일한 방법이다. 차갑게 돌아섰던 아이도 부모의 사랑이 담긴 진심을 느끼고 나면 뜨거운 회한의 눈물과 함께 가정으로 돌아오게 마련이다.

아주 오래전, 나의 길을 포기해야겠다는 생각을 할 만큼 슬프게 했던 아이가 있다. 태어나기 전부터 미움을 받았던 그 아이의 상처를 치유해주지 못해, 아이를 부여안고 뜨겁게 눈물을 흘렸었다. 어떻게 해야 하느냐고, 마음이 너무 아프다고, 네가 친구들을 자꾸만 때리고 괴롭혀서, 그런 너의 마음을 내가 품어주지 못해서, 그래서 나는 속이 상하고 눈물이 난다고, 아이 앞에서 엉엉 한참을 울었었다.

무엇이 그 아이의 마음을 녹였을까? 놀랍게도 아이는 다음 날부터 조금씩 달라졌다. 그리고 어느 날 나에게 작은 엽서를 보내와 가슴을 뛰게 했다. 오래전 일인데도, 나는 그때 내가 쏟아냈던 눈물의 의미를 그 아이가 이해했다는 것을 자주 떠올리곤 한다. 아이의 상처를 어루만지고 싶었던 나의 진심과 노력이 전해졌던 것이다. 내 눈물은 진심이었다.

지나온 길을 다시 돌아오는 것은 참으로 번거롭고 힘든 일이다. 하지만 필요하다면 반드시 그런 과정을 되돌아 거쳐야 한다. 자녀와의 관계가 어긋나 현재 불안정한 상태라면 지나온 길을 거슬러

올라가 새로 시작해야 함이 마땅하다. 반대로 이제 시작이라면 최선을 다해 옳은 길로 가야 할 것이다.

내가 이 책을 준비한 것은 많은 부모와 아이에게 나의 진심이 전해지길 바라는 마음에서였다. 더 이상 잘못된 사랑의 방법으로 아이도 부모도 아파하는 일이 없길 바라는 마음 때문이다.

사랑에는 기술이 필요하다. 자녀 사랑에서도 마찬가지다. 이 책이 자녀를 사랑하는 데 '마음의 기술'이 필요한 부모들에게 조금이나마 도움이 되길 바란다. 이것이 유아교육의 길로 들어서 30년의 세월을 지나오고 있는 나의 진심이다.

나는 오늘도 생각한다.

'아이들에게 비치는 나는 어떤 모습일까?'

'아이들은 나를 어떻게 생각할까?'

나는 그냥 원장 선생님이 아니라 아이들의 영혼 발달을 옆에서 도와주는 원장 선생님이고 싶다.

이천십사년,
꿈둥이들의 마음 텃밭에서
하진옥

Part 1
아이의 시작, 준비하는 부모 되기

–함께 출발하는 부모가 아이의 마음을 읽는다–

'세 살 버릇 여든까지 간다'고 한다. 세 살 때의 잘못된 습관은 고치지 못하고 여든까지 가져간다는 말이니, 이 얼마나 무시무시한 충고인가. 아마도 유아교육이 얼마나 중요한지를 말하는 가장 오래된 조언이 아닐까 싶다.

1.

내 눈물이
아이의 삶을 바꾼다면

"얼마나 참고 기다려야 할까요?"

오래전에 유치원을 졸업하고 여고생이 된 아이의 어머니가 나에게 물었다. 요즘 그 어머니의 최대 고민은 바로 큰딸이다. 사춘기 여고생인 딸은 자신감이 부족하여 소심한 편이었고, 자신의 미래에 대한 꿈을 찾지 못해 공부에도 동기부여가 되지 않는 안쓰러운 상태였다. 이런 큰딸과의 잦은 충돌은 어머니를 좌절하게 했다.

어머니가 뒤늦게 자신을 돌아보며 자녀교육에 더 큰 관심을 갖게 된 이유는, 마침 원내에서 이루어지고 있던 부모 코칭 수업 덕분이었다. 오랜 세월이 흘렀지만 종종 서로 연락을 하며 지내왔던 어머니께 내가 해드릴 수 있는 조언을 조용히 말씀드렸다.

"자녀는 부모의 거울입니다."

자녀교육에 관한 조언을 하는 분들의 이야기 중에 빠지지 않고 등장하는 것이 바로 이 말일 것이다. 누구나 알고 있을 만큼 너무도 당연한 이야기여서일까? 우리는 종종 이것을 잊고 살아간다. 아이의 모습이 곧 내 모습임을 잊고, 아이의 현재 상태가 부모인 나로 인해 만들어진 것임을 생각하지 못한다. 그리고 아이에게 이런 말로 꾸짖는다.

"대체 너는 누굴 닮은 거야?"

긴 상담 끝에, 큰딸의 비뚤어진 언행의 원인이 무엇인지, 무엇이 아이를 상처받게 했고, 상처를 준 사람은 누구였는지를 깨달은 어머니는 소리 없이 가슴으로 뜨거운 눈물을 터뜨렸다. 누구나 그러하듯, 아이를 이해하게 된 부모의 마음속에서는 미움이 서서히 사라진다. 대신 그 빈자리에 자신을 더 깊이 돌아볼 수 있는 여유로움이 채워진다.

자신을 돌아보는 과정은 곧 반성과 깨달음의 시간이다. 또한 자녀교육에서 부모의 반성이란 자녀와의 관계 개선을 위한 의지를 의미한다. 아울러 부모가 자녀를 대하는 자세를 바꿈으로써 자녀에게 긍정적인 변화를 꾀하는 것이기도 하다. 그러나 이 과정은 매우 더디고 지루할 수밖에 없다. 그래서 나는 늘 이렇게 말씀드리곤 한다.

"피눈물을 흘리며 견뎌야 하는, 고통과 인내의 시간이 지나야 해요. 그러니 조급하게 생각하지 마시고 마음의 여유를 갖도록 노력해보세요.”

'세 살 버릇'의 위엄, 왜 유아기 교육이 중요할까?

♥

'세 살 버릇 여든까지 간다'고 한다. 세 살 때의 잘못된 습관은 고치지 못하고 여든까지 가져간다는 말이니, 이 얼마나 무시무시한 충고인가. 아마도 유아교육이 얼마나 중요한지를 말하는 가장 오래된 조언이 아닐까 싶다.

따라서 유아교육이 왜 중요한지 모르는 부모가 있다면 그것은 거짓이다. 모른다기보다 오히려 너무 당연한 것이라 깜빡 잊고 있는 것이 아닐까? 혹은 옛날과 달리 핵가족화된 요즘 시대에 너무 예뻐만 하느라 그랬을지도 모른다. 가족의 구성원이 적어지고, 공동체보다는 개인적 관계가 중요시되어 자연스럽게 '나'만을 위한 생활이 강화되었다.

가정이라는 울타리를 벗어나 친구들과 어울려 지내야 하는 아이들만의 세상에서는 나보다는 타인을 배려하고 이해하며 양보의 미덕도 갖춰야 하고, 때로는 참고 인내하는 마음도 필요하다. 그러나 친구를 향한 이런 마음이 부족하게 된 아이들의 세상엔 왕따와 폭력이 넘쳐난다. 그러니 아이들은 힘들고 고통스럽다.

어디 아이뿐일까? 지켜보는 우리 어른들 또한 마음이 아플 수밖에 없다. 점점 거칠어지고 비뚤어져가는 아이들을 때로는 꾸짖고 또 때로는 달래보지만 그리 쉬운 일이 아니다. 아이들의 마음을 열고 어른들이 비집고 들어가 상처를 어루만져 아물게 하기에는 피눈물로 견뎌야 하는 인고의 시간이 필요하다.

신체적 성장은 사춘기 시절까지이지만, 눈에 보이지 않는 감성이나 인성의 기초적 발달은 대부분 유아기에 이루어진다. 친구를 사귀면서 타인과 관계를 맺는 법을 알게 된다. 어른과 함께 생활하며 예의를 지키는 법도 배운다. 횡단보도에서 신호를 지키며 질서를 배우고, 먹고 싶은 것과 사고 싶은 것이 있지만 참고 절제하는 법도 배운다.

어디 그뿐인가? 친구들과 사귀면서 미안하다는 말도 할 줄 알게 되고, 선생님들께 "안녕하십니까?" 하며 예의범절도 배운다. 혹시라도 친구와 다툼이 일어나거나 곤란한 상황이라도 생기면, 스스로 그 문제를 해결할 능력도 유아기에 익히는 중요한 경험이다. 또한 우리 엄마들이 가장 관심을 가질 만한 발달인 '자기주도학습'의 습관 또한 유아기에 그 기초가 형성된다. 이러한 모든 발달을 포함해, 뇌세포 발달의 90퍼센트가 유아기에 이루어지니 유아교육이 삶에 얼마나 큰 영향을 미치는지 과학적으로 증명되었다고 해도 무방하다.

그런데 왜 유아기일까? 유아기는 힘들이지 않고 생활 속에서의 경험이나 다른 사람을 모방함으로써 배울 수 있는 시기이기 때문이다. 따라서 유아를 둘러싼 주변의 환경 모두가 중요하다. 민감하게 이 시기에 흡수한 아빠의 걸음걸이, 엄마의 빨래 정리 방법, 우리 가족의 식사 습관은 아동기, 청소년기를 거쳐 성인이 될 때까지 쉽게 변화되지 않는 평생의 습관으로 남게 된다. 당연한 말이지만 인간에게는 생명이 있다. 그 생명을 다루는 일에는 인내심과 깊은 정성이 필요하다.

유아기가 중요한 또 하나의 이유는 이때가 주변 환경으로부터 보호와 사랑을 필요로 하는 집중적인 시기이자, 가장 밀착된 부모의 조건 없는 사랑과 관심으로 '생명의 힘'이 흔들려 변화할 수 있는 시기이기 때문이다. 부모와의 애착(사랑과 관심)을 의심하지 않고 받은 유아는 흔들림 없는 마음으로 성장하게 된다.

눈물과 바꾼 아이의 변화

♥

"다인이가 너무 싫었어요. 태어난 순간부터 다인이가 너무 안 예뻤어요. 임신했을 때도 하나도 기쁘지 않았어요. 그러니 태어나서도 사랑해줄 수가 없었어요. 그냥 너무너무 싫었어요. 무조건 너무너무……."

도무지 똑바로 서 있지 못하는 아이가 있었다. 말을 해야 하는

데, 말을 할 줄 모르는 것이 아니라 단어 한마디를 꺼내기까지 몸을 비비 꼬며 집중하지 못했다. 잠시도 멈추지 못하고 몸을 뒤트는 다인이에게 장애가 있는 것은 결코 아니었다.

"왜 그러셨어요? 이렇게 사랑스러운 아이를……."

너무도 안타까웠던 나는 다인이가 가여워 콧등이 시큰거렸다. 아이들은 엄마의 뱃속에 있을 때에도, 엄마의 감정을 고스란히 온몸으로 받아들인다. 세상 밖으로 나오진 않았지만 자신을 얼마나 사랑하는지, 어떤 마음으로 받아들이고 있는지 이미 느끼고 있다고 나는 믿는다. 그런데 다인이는 자신이 생명으로 잉태된 그 순간부터 미움을 받고 있었다. 축복받았어야 할 생명이 거꾸로 미움을 받았으니 그 아이의 가슴에 얼마나 큰 상처가 되었을까?

뒤늦게 후회하고 반성하는 엄마의 모습도 너무 가슴 아파 안아주고 싶었다. 한동안은 아이 탓을 했다고 한다. 똑바로 서 있지 못하는 아이를 무서운 말로 꾸짖다 못해 화를 냈다. 당연히 아이는 달라지기는커녕 점점 더 악화되었다.

"이제 어머니께서 달라지셔야 해요. 화내지 마세요. 안아주세요. 그리고 격려해주세요. 지적하지 마시고, 오직 좋은 점만 보려 노력하시고 말로 표현해주세요. 사소한 것이라도 아이에게 칭찬해주세요. 아주 작은 것이라도 상관없어요."

상담 후, 어머니는 조금씩 달라져갔다. 내가 어머니에게 내준 숙제는 어머니만의 것이 아니었다. 아버지도 당연히 따라주어야

할 숙제였다. 나는 유치원의 모든 선생님, 다인이의 선생님과 다른 반 선생님들 모두에게 도움을 요청했다.

"이제부터 유치원 내에서 다인이를 만나면 꼭 말을 걸어 칭찬해주세요."

그것은 우리가 할 수 있는 최선의 해결책이자 반드시 해야 할 과제였다. 그래서 다인이가 유치원에 등장하는 순간부터 집으로 돌아가는 시간까지 선생님들의 목소리가 사방에서 들려왔다.

"어머, 다인이 어서 오세요. 오늘도 즐거운 하루 되세요."

"다인이는 신발 정리를 참 잘하네요. 선생님이 감동받았어요."

"다인이가 점심 식사를 맛있게 잘 먹어주어서 선생님은 정말 기뻐요."

“다인이는 손을 정말 깨끗하게 씻을 줄 아네요. 선생님도 배워야겠어요.”

칭찬이 거듭되고 하루하루 시간이 지날수록, 아이의 변화가 보이기 시작했다. 그것은 달팽이가 마라톤을 끝내기를 기다리는 것처럼 매우 길고 지루한 시간이었다. 그렇게 반년이 지났고 여름방학이 지나갔다. 그리고 어느 가을날 시작된 ‘엄마 코칭 수업’에서 다인이의 어머니가 말했다.

“우리 다인이가요, 이번에 할머니 댁에서 김장을 담글 때 정말 많이 도와주었어요. 제 옆에 앉아서 매운 양파를 한 자루나 같이 까주었거든요.”

다인이의 사연을 알고 있던 다른 엄마들 모두 놀라움을 감추지 못했다. 다인이 어머니의 눈시울이 붉어졌고, 어느 순간 우리 모두 눈물을 글썽이고 있었다. 몸을 비틀며 사람과 눈을 똑바로 맞추지 못했던 다인이는 이제 잘 웃는 아이가 되었다. 아이는 웃음으로 말하고 있다. 행복하다고, 즐겁고 기쁘다고……

깨닫는 순간, 지금이 바로 ‘때’입니다.

♥

미국의 심리학자 해비거스트는 유아의 모든 발달 과정에서 단계별로 적절히 이루어져야 하는 과업이 있다고 했다. 특정 시기에 이루어져야 할 과업들로, 이것이 잘 성취되어야만 행복을 누릴 수 있다고 한다. 그중에 '부모와 형제 및 자매, 타인과의 정서적 관계'를 배우는 발달 과정이 있다.

이런 중요한 시기에 다인이는 사랑받지 못했으므로 정서적으로 불안정했고 그래서 엄마도 아빠도 낯설었을 것이다. 당연히 행복했을 리가 없다. 감기에 걸리면 열이 나고 기침을 하듯, 마음이 아픈 아이들은 행동으로 그 증상을 드러낸다. 다인이처럼 말이다.

결국 다인이와 어머니는 그동안 올바른 훈육과 사랑이라고 믿어왔던 훈육 방법을 접고 처음부터 다시 시작할 수밖에 없었다.

행복해진 다인이와 어머니의 이야기는 현재도 진행형이다. 지켜보는 다른 어머니들은 격려를 아끼지 않는다. 모두가 다인이를 직접 눈으로 보고 심각성을 알았었기에 현재의 발전을 진심으로 기뻐하는 것이다.

"얼마나 참고 기다려야 할까요?" 하며 고1 큰딸을 제대로 사랑해주지 못한 회한의 눈물을 흘리는 엄마에게 다인이의 소식은 또 다른 용기와 희망이자 아쉬움이기도 하다.

"다인이는 아직 어리니까 아무래도 더 쉽겠죠? 제가 우리 큰애를 너무 늦게 돌아봤어요."

"괜찮아요. 이제라도 깨달으셨잖아요. 영원히 깨닫지 못했을 수도 있어요. 그런 부모들도 정말 많아요. 얼마나 안타까운 일인가요! 하지만 어머니는 아직 늦지 않았어요. 노력을 멈추지 마세요. 절대로 포기하시면 안 돼요.”

부모 역할은 처음이기에, 미숙한 경험으로 멀리 간 만큼 다시 돌아오기까지 긴 시간이 걸리고 피로감도 커질 수밖에 없다. 피로하기 때문에 돌아오는 길은 점점 더 멀게 느껴지고 속도도 나지 않는다. 하지만 아쉬운 길을 계속 갈 수는 없지 않은가? 가야 할 목적지와 다른 길이라면 분명 돌아와야만 한다. 그 길이 아무리 멀고 험난하게 느껴진다 해도, 쉬지 않고 한 발 한 발 내딛는 것만이 언젠가는 다시 제자리로 돌아올 유일한 방법이다.

흔들리는 부모,
흔들리지 않는 부모

아이들을 만나기 위해 유치원으로 향하는 출근길은 매일매일 설렘의 반복이다. 봄에는 봄기운을 타고 흐르는 바람을 느끼며 아이들과의 만남이 기다려지고, 여름이면 화사한 햇살만큼이나 밝은 표정으로 나를 맞이해줄 아이들과의 만남에 발걸음이 빨라지곤 한다. 울긋불긋한 낙엽과 춤을 추듯 하늘거리는 코스모스 길을 달리는 가을날의 출근길은 또 어떤가.

지난 계절을 슬기롭게 보낸 아이들의 성장한 모습은 참 대견스럽다. 우리 어른도 싫은 일, 힘든 일을 이겨내기까지 시간이 걸리는데 '내 안의 크고 작은 고민'들과 어려움을 극복한 아이들의 마음은 참으로 위대하기 때문이다. 그래서 나는 해가 바뀔 때마다 깨닫는다. 부모나 아이 모두 같은 무게로 성장해나가야 한다고…….

"오늘 하루 좋은 부모가 되게 해달라고 기도해요."

부모가 아닌 유치원 원장으로서의 나조차도 이렇게 설레는데, 매일 아침 눈을 뜰 때 이런 기도를 하며 가슴이 두근거린다는 어느 어머니의 말씀은 절로 고개를 주억거리게 한다. 이렇듯 부모의 마음은 누구라도 다를 바가 없다. 그것은 분명, 아이들이 앞으로 살아내야 할 인생에 가장 큰 영향을 주게 될 사람이 '부모'이기 때문이다. 지금의 우리 역시 어릴 적 부모님의 영향을 가장 많이 받고 지금의 모습이 되지 않았던가.

일관성 있는 부모가 되어주세요

♥

"저는 허락하지 않는데, 애들 아빠가……."

뜻이 다른 탓에 곤란한 상황이 어디 엄마와 아빠 사이에서만 벌어지는 일일까? 부모가 아무리 의견 일치를 해도 할머니나 할아버지가 "그냥 둬라"라고 가장 높은 권위로 울먹이는 손주의 엉덩이를 토닥이는 앞에서는 누구라도 머쓱해지고 만다.

비록 어리지만 아이들도 알고 있다. 엄마가 허락해주지 않으면 아빠에게 하소연하면 되고, 아빠마저 허락하지 않으면 할머니나 할아버지의 힘을 빌리면 된다는 것을……. 게다가 엄마와 아빠가

그날의 기분 따라 다르게 '되고, 안 되고'의 기준이 달라진다면 슬슬 눈치를 볼 수 밖에 없다.

이렇게 일관성 없는 자녀교육은 어떤 상황에서 어떻게 대처하는 것이 좋은지 적절한 행동양식을 배우기 어렵게 한다. 심리적으로 불안정해져 정서적으로 좋지 못한 영향을 받으니, 지적·사회적 성장에도 어려움이 따르는 것이다.

지혜로운 부모라면 '엄마의 뜻이 곧 아빠의 뜻'이라는 것에 흔들림이 없다. 감정적인 모습도 보이지 않는다. 그리고 이러한 일관성은 부모의 모든 행동에서 공통된 사항이다. 어제는 칭찬했던 일에 오늘은 짜증내지 않으며, 만약 일관성을 유지하기 힘든 상황이라면 아이에게 설명하고 이해를 구하는 '부탁'을 아끼지 않는다.

"아빠가 피곤해서 쉬시는데 왜 시끄럽게 피아노를 치고 그러니? 좀 조용히 해야 아빠가 주무실 것 아냐!"(X)
"우리 ○○이가 열심히 피아노 연습하는 소리가 참 듣기 좋구나. 그런데 오늘은 아빠가 많이 피곤하고 힘드셔서 쉴 수 있게 우리가 도와드려야 할 것 같아. 아빠가 쉴 수 있게 ○○이가 피아노 연습을 다음으로 미뤄줬음 좋겠어. 네 생각은 어때?"(O)

♥

군이 설명하지 않아도 우리 어른들은 잘 알고 있다. 나 자신과 남이 비교당하면 얼마나 아프고 오랜 상처로 남게 되는지를……. 어렸을 때 이웃에 사는 친구는 어떻더라는 엄마의 한마디는 어른이 된 우리에게 잊히지 않는 상처로 남아 있는 경우가 많다. 어른이 되어서도 마찬가지다. 직장에서나 학교에서 혹은 부부 사이에도 타인과 비교되는 것은 썩 기분 좋은 일이 아니다. 하물며 오직 엄마와 아빠의 사랑만이 세상의 전부라 믿고 있는 우리 아이들의 심정은 어떻겠는가.

"옆집 OO이는 엄마 말도 잘 듣고 공부도 열심히 한다는데 너는 왜 하루 종일 텔레비전만 보는 거니?"

"윗층 사는 OO이 봤어? 그 애는 이번에 영어 시험 만점 받았대. 너도 같은 학원 다니는데, 뭐 느끼는 것 없어?"

자녀가 학생이라면 한 번쯤 이런 말로 가슴 아프게 한 적은 없었는지 곰곰 생각해볼 일이다. 더욱 가혹한 것은 비교의 방법으로 학습적 동기나 의욕을 끌어올릴 수 없는 아주 어린 영·유아기의 아이들마저도 상처받고 있다는 사실이다.

"진옥아, OO 좀 봐. 투정 안 부리고 김치도 잘 먹네? 우리 진옥이도 OO처럼 골고루 먹어야 착한 어린이지?"

"옆집 OO는 양치도 잘한대. 우리 진옥이도 양치 잘할 거지?"

얼마 전 텔레비전에서 영화배우 K씨가 네 살 딸과 식사하는 장면이 나왔다. 나는 그녀의 창의적인 표현에 마음 깊이 박수를 보냈다. 그녀는 아이가 먹기 싫어하는 반찬을 젓가락으로 집어주며 "아까부터 어묵하고 김치가 OO 입에 들어가고 싶다고 얘기하고 있어" 하며 아이의 눈높이에서 말해주고 있었다. 아이는 엄마가 주는 반찬을 아무 거부감 없이 즐겁게 받아먹었다.

의식적이건 무의식적이건, 우리가 다른 누군가와 아이를 비교하는 것은 경쟁 심리를 부추김으로써 발전을 꾀할 수 있다는 계산에서 비롯된다. 하지만 이것은 기대만큼 효과적이지 못하다. 어려서부터 늘 친구보다 못한 존재로 비교되는 아이가 어떻게 자신의 존재를 귀하게 여기고 사랑할 수 있을까? 아이에게 자존감이 아닌 열등감만 키우는 일이다.

또한 비교하는 것만큼 아이들에게 상처가 되는 것이 차별이다. 특히 형제간의 차별은 아이들을 서럽게 한다. "엄마는 왜 형(누나)만 예뻐해요?"라거나 "왜 동생이 잘못했는데 나만 혼내요?"라는 아이들의 항변을 한 번이라도 들어본 경험이 있다면 웃음으로 넘길 것이 아니라 진심 어린 사과와 마음 어루만지기를 해주어야 옳다.

어려서부터 비교와 차별로 경쟁을 부추기는 교육법에 길들여진 우리 어른들이 자녀들에게 같은 상처를 대물림하지 않는 올바른 선택이 있다면 그것은 바로 '칭찬과 격려'다. 매순간 지독한 경쟁을 강요당하는 사회구조 속에서 앓는 이처럼 고통스럽고 괴로웠다면, 우리의 자녀들에게만큼은 같은 스트레스를 주지 않기 위한 노력이 필요하다.

부모의 칭찬과 격려를 받은 아이들은 자신의 존재가 소중하다는 것을 스스로 깨우친다. 격려를 통해 얻은 용기와 인내로 얻어낸 성취감을 기어이 맛보고는 가슴 가득 차오르는 자신감에 충만해지기도 한다. '아! 내가 한 행동도 괜찮은 거구나! 인정받을 만하네' 하고 스스로를 수용하다 보면 마음 안의 기쁨과 즐거움은 배가 된다.

하지만 칭찬에도 기술이 필요하다. 의미 없는 칭찬을 남발하면 오히려 자만심을 갖게 하고 노력하지 않는 게으른 아이로 성장하게 만들 뿐이다. 칭찬할 때는 칭찬받아 마땅한 그 '무엇'이 구체적으로 전달되어야 한다. 아이의 바른 행동을 명확하게 짚어주어야 한다는 말이다. 또한 결과만을 중요시하지 말고 노력의 과정을 칭찬하는 것이 바람직하다.

아울러 칭찬과 함께 아이에게 꼭 필요한 것이 격려다. 해야 할

일을 하지 않고 힘들어하거나 게을러질 때는 꾸중이 아닌 따뜻한 격려가 도움이 된다. 부모의 사랑이 담긴 관심과 진심 어린 격려는, 아이들이 자전거를 처음 배울 때 뒤에서 붙잡아주는 것과 다르지 않다. 두려움을 극복할 용기를 발휘하여 하기 힘든 일도 해낼 수 있도록 도와주며 자신감을 갖게 하니, 이보다 더 훌륭한 자녀교육법이 또 있을까?

나는 칭찬과 격려의 힘이 얼마나 아름다운 기적을 만들어내는지 직접 경험해봤다. 여러 해 전, 부모의 과잉보호와 그릇된 훈육으로 부적응 행동을 보였던 아이가 있었다. 어머니는 나름대로 열심히 아이를 보살핀다고 했지만, 사랑보다는 욕심이 더 컸던 탓인지 아이는 자신감이 몹시 부족했다.

다섯 살 수지는 유치원에 와서도 친구들과 잘 어울리지 못했다. 다른 아이들이 저마다 학습 교구로 놀이를 하고 있을 때도 수지는 수줍어하며 자신감 없이 교실 한쪽에서 머뭇거렸다. 수지의 모습이 나와 교사들의 마음을 안타깝게 했다.

이미 아이가 어떤 행동을 보이는지 알고 있었던 어머니와 충분히 이야기를 나눈 후, 다른 교사들과 함께 뜻을 모았다.

"오늘부터 우리 모두 수지를 도와주기로 해요. 선생님들께서 함께 도와주시면 수지에게 분명 좋은 변화가 있을 거라고 믿어요."

걱정이 많았던 교사들도 나의 부탁에 마음을 모아주었다. 유아기의 행동 변화는 한 사람의 노력과 관심만으로는 어렵다. 부모나 교사 등 누구에게나 같은 행동에 대해 격려하고, 관심을 보여줄 때 기억이 짧은 유아는 자신의 행동과 생각에 대해 자신감을 가질 수 있다. 우리가 해야 할 당연한 노력이었지만 다른 교사들의 도움은 큰 힘이 되어주었다.

"수지를 만나면 꼭 인사를 나눠주세요. 그리고 가능하다면 아이가 할 수 있는 심부름을 시켜주세요. 심부름을 마치면 반드시 칭찬해주시고요."

그날부터 수지의 칭찬받는 하루하루가 이어졌다. 어느 날은 선생님의 심부름이라며 내게 책을 가져다주었다. 나는 심부름을 훌륭히 해낸 수지에게 칭찬을 아끼지 않았다. 또 어떤 날은 선생님의 심부름으로 식사 시간에 부족한 반찬을 조리실에서 받아오는 심부름도 했다. 화장실에서 나올 때 신었던 슬리퍼를 가지런히 놓는 것에도 칭찬을 해주었다. 등원할 때 선생님께 인사를 예쁘게 하는 모습도 당연히 칭찬받을 일이었다.

"어머나, 수지가 내게 책을 가져왔군요. 선생님의 심부름을 이렇게 훌륭하게 해주다니 정말 감동 받았어요. 책을 가져다주어서 정말 고마워요."

"수지는 신발을 정말 가지런히 놓을 줄 아는 어린이군요. 정말 잘했어요. 선생님은 무척 기뻐요."

"오늘 수지는 아침 인사를 정말 예쁘게 하네요. 환하게 웃으며 인사해주어서 선생님이 엄청 감동받았어요. 수지도 오늘 하루 즐겁게 보내세요.”

　아이들을 관심 어린 시선으로 바라본다면 칭찬해줄 수 있는 모습들이 무척 많다. 아이의 아주 사소한 행동이라도 노력을 칭찬해준다면 그 행동은 곧 습관으로 남게 된다. 예를 들어 아이에게 양치를 정말 꼼꼼히 잘하고 있다고 칭찬한다면 하기 싫었던 양치가 즐거운 양치가 되어 빠뜨리지 않고 매일매일 해야 할 올바른 습관으로 자리매김하게 되는 것이다.

　칭찬과 격려를 듬뿍 받는 수지의 일상은 가정 내에서도 이루어졌다. 어머니께도 수지의 구체적인 행동과 노력을 칭찬해주시라 부탁했었다. 아이의 행동 중에 사소한 것이라도 상관없었다. 혼자 양말을 신는 것도 칭찬받을 일이었고, 아버지께 신문을 가져다 드리는 심부름에도 칭찬이 이어졌다. 유치원에서 돌아오면 열심히 하루를 보낸 수지를 칭찬해주시라고도 부탁했다.

　수지는 그렇게 자신의 존재감을 찾아갔다. 부끄러워하고 소심해서 친구들과 대화조차 나누지 못했던 수지는 스스럼없이 먼저 손을 내미는 아이로 변화했다. 목소리가 작아 무슨 말을 하는지조차 알 수 없었던 수지가 큰 소리로 자신을 소개할 때에는 아이들과 선생님 모두 박수를 보내며 칭찬해주었다.

　이처럼 아이의 긍정적인 변화는 아주 작은 것에서부터 출발한다. 칭찬하는 것은 어려운 일이 아니다. 아이를 바라보는 부모의 마음과 시선이 긍정적이면 가능하다. 아이의 부족한 모습을 탓하지 않고, 옆집 아이와 비교하지 않으며, 있는 그대로 인정하고 격려하는 마음이면 충분하다. 아이는 모든 것을 갖고 태어나는 것이 아니라, 부모의 노력과 영향으로 더 많은 것을 배우고 익혀 변화의 과정을 겪고 학습하며 성장하기 때문이다.

이렇게 하면 안 돼요!

"넌 산수를 참 잘해. 그런데 국어는 왜 그렇게 못해?"(X)

"너는 정말 천재야. 세상에서 제일 똑똑한 아들이야! 커서 분명히 훌륭한 사람이 될 거야!"(X)

"넌 얼굴도 예쁘고 마음도 너무 착해! 천사 같은 아이야!"(X)

이렇게 하세요!

"숙제도 열심히 하고 매일매일 노력하더니 산수 시험을 정말 잘 보았구나. 그래. 열심히 했으니까 좋은 결과 나온 거야. 수고했어."(O)

"시험 결과가 나빠서 실망했구나. 하지만 엄마는 네가 얼마나 열심히 했는지 알아. 그러니까 속상해하지 말고 지금까지처럼 노력해줘. 그럼 분명히 좋은 결과가 나올 거야."(O)

"세수를 깨끗하게 했네. 얼굴에서 반짝반짝 빛이 나."(O)

"엄마가 혼자 힘들었는데, 함께 빨래 너는 것도 도와주고 휴지통도 비워줘서 정말 고마워."(O)

흔들리지 않는 부모가 되어주세요

좋은 것만 보여주고 싶은 부모의 마음은 자녀를 훌륭하게 키우기 위한 노력의 시작이다. 하지만 어느 순간 자신의 선택이 과연 올바른 것인지 한 번쯤 돌아볼 수밖에 없다. 무엇과도 바꿀 수 없는 사랑스러운 자녀의 일인데, 선택을 돌아보고 점검하는 것에 어찌 게으를 수 있을까.

똑똑한 아이로 키우고 싶다는 바람은 그 어떤 부모나 마찬가지다. 태어나 처음으로 '엄마'를 말할 때는 세상에 둘도 없는 천재처럼 느껴지고, 축구를 좋아하는 아이가 처음으로 골을 넣으면 박지성을 꿈꾸며 들뜨기도 한다. 사랑스러운 내 자녀의 잠재력을 발견하는 것은 그처럼 한없이 기쁘고 환희에 차는 일이다.

그런데 재능이 있다고 생각하게 되면 부모의 마음은 점점 조급해진다. 아이의 잠재력을 키워주겠다는 마음에 이런저런 조기교육을 무리하게 시키기도 한다. 물론, 아이의 잠재력을 키워주는 일은 매우 중요하다. 그러나 냉정하게 판단해야 할 필요가 있다. 혹시 아이에게 시기적절한 교육을 시키는 것이 아니라 너무 무리한 강요를 하고 있는 것은 아닌지, 그래서 지금 아이가 너무 피로해하거나 힘겨워하고 있지는 않은지…….

재능이 보이지 않고 다른 아이들보다 뒤처진다는 생각에 욕심을 부리는 것도 아이에게는 스트레스가 될 수 있다. 특히 유아는 강제로 주입하는 학습으로 지적 발달을 이루는 것이 아니라, 놀이를 통해 끊임없이 자신을 발견하고 스스로를 채워나간다. 그렇게 발견된 다양한 잠재력이 성장하여 결국 자신의 적성에 가장 맞는 길을 가게 되는 것이다. 부모가 어린아이들에게 억지로 주입한다고 얻어지는 성장은 결코 성장이 아니다. 유아기는 이런 시기다. 무엇인가를 주입한다고 채워지지 않는다. 그저 세상살이가 즐거워야 할 시기다. 그러려면 가장 가까운 관계를 맺고 있는 부모가 생활 속에 즐거움을 느끼고 있어야 한다.

마음이 급했던 부모 덕분에 조금 쉬어갈 필요가 있는 아이에게는 적절한 휴식을 주시기를 당부한다. 다섯 살 아이에게 버거웠을

학습지를 쉽게 하고, 부모님과 함께 놀이로써 즐거운 시간을 보내게 하는 것이다. 물론 몇 달 그렇게 하다 보면 다른 아이들보다 뒤처질까 슬그머니 염려도 될 것이다.

"정말 이래도 괜찮을까요? 다른 아이들은 벌써 한글도 익혔는데 우리 아이만 더딜까 봐 걱정스러워요."

"너무 걱정 마세요. 다섯 살 때는 학습지를 통해 배우는 지식보다 또래들과 함께 놀며 자연스럽게 깨우치는 지적 발달이 유효한 시기입니다. 'ㄱ' 자를 놓고 기역을 가르치려고 하지 마세요. 냉장고에 이름표를 붙이면 아이가 자연스럽게 냉장고라는 글자를 알게 되듯이 자연스럽게 익힐 수 있도록 해주시는 게 바람직합니다."

부모가 아이의 발달에 이렇게 조바심을 내는 이유는 자신도 모르게 다른 집 아이와 비교하기 때문이다. 비교해서 잘하면 잘하는 대로 더 욕심을 내게 되고, 못하면 못하는 대로 걱정에 휘말려 뭔가 더 해주어야 하는 것이 아닌지 염려하게 된다. 사실은 그 옆집 아이도 부모가 앉혀놓고 글자를 가르친 것이 아니라 자연스럽게 익히고 있을 뿐이다. 유아의 발달은 모두 그렇게 흥미를 동반하여 제공되어야 한다.

부모가 이런 것을 모르는 경우는 거의 없다. 다만, 흔들릴 뿐이다. 전문가의 조언을 통해 올바른 선택을 했다 하더라도 끊임없이 유혹에 빠지게 되고, 선택에 갈등하며, 더 나은 것이 무엇인지 고민하게 된다. 그러다 보면 자칫 처음 옳다고 생각했던 선택을 무시하고 새로운 시도를 함으로써 일관성을 잃기도 한다. 또한 아이가 받아들이기 힘든 무리한 강요를 하게 된다.

그러므로 남과 비교하지 말자. 비교하지 않으면 흔들리지 않는다. 흔들리지 않으면 자녀교육의 올바른 길을 행하는 것에 일관성도 무너지지 않는다. 만약 선택에 자신이 없다면 전문가와의 상담으로 충분히 도움을 얻을 수 있다. 나는 언제나 부모님들께 나의 마음과 방문을 열어놓는다. 도움이 필요한 부모님들이 언제든 찾아와 묻고 조언을 구하도록 하고 있다. 상담을 하는 동안 자녀에 대한 사랑이 가득한 그분들의 마음을 느끼면서 아이들의 미래가 얼마나 희망적이고 아름다운지 깨닫는다.

"제가 지금 잘하고 있는 걸까요?"

이렇게 반복해서 묻는 어머니께 나는 조용히 미소와 더불어 대답한다.

"아주 훌륭하게 잘하고 계십니다. 어머니께서 사랑하는 자녀를 위해 최선의 교육법을 하고 계시니 흔들리지 말고 걸어가세요. 중심을 잃지 마세요."

나를 사랑하는 부모가 되어주세요
♥

오랜 세월, 아이들 곁을 지켜오는 동안 마음이 아파오는 순간도 있다. 자신을 사랑하지 못하는 부모 밑에서 갈팡질팡 혼란을 겪고 있는 아이들을 만나게 될 때 그렇다. 영문도 모른 채 아이의 혼란을 지켜보며 가슴 아파하는 엄마의 쓸쓸한 어깨는 당장 안아주고 싶을 만큼 측은하기도 하다.

아이에게 가장 큰 영향을 주는 존재가 부모라는 사실을 잘 알고 있으면서도 막상 현실에서는 실감하지 못하는 경우가 많다. 태어나 늘 바라보는 것이 엄마와 아빠라는 것을 생각하면, 아이들의 모습이 곧 부모의 모습임을 이해할 수 있다.

자녀는 부모의 외형만 닮은 것이 아니다. 습관이나 언행도 배우게 된다. 말문이 트인 어느 날, 엄마나 아빠가 늘 쓰던 말투와 행동을 흉내 내는 아이를 보며 사랑스럽다고 느꼈을 것이다. 그런데 사실은, 이렇게 부모의 크고 작은 행동을 닮아가는 아이들이 부모의 성품이나 인성, 가치관과 삶의 태도까지도 닮아가고 있다는 것을 깨닫는다면 가벼이 웃어넘기기만 할 게 아님을 알 것이다.

자신을 소중히 여기고 사랑하지 않는 부모 밑에서 자란 아이는 자존감을 채우지 못한다. 자존감은 스스로를 사랑할 줄 알아야만 생기는 마음이다. 자신을 소중한 존재로 여기지 않는데 어떻게 자존감이 생겨날 수 있을까.

나를 사랑하는 것의 시작은 욕심을 버리는 것에서부터다. 내가 가진 것에 만족하고 아끼는 마음이 중요하다. 늘 남보다 못하다고 생각하는 사람은 부족한 자신을 탓하게 되고 열등감에 사로잡혀 짜증만 내고 화를 내게 마련이다. 부모의 이런 모습을 아이들은 그대로 배우고 익힐 수밖에 없다.

"나도 저 연예인처럼 예쁘면 얼마나 좋을까. 뚱뚱하고 못생기고 너무 한심해."

"내 친구는 50평 아파트를 얼마나 잘 꾸며놓고 사는지 부러워 죽겠어. 우리 집은 코딱지만 해서 좁고 창피해."

"난 뭐 특별히 할 줄 아는 것도 없고, 손재주도 없고…… 너무 무능한 것 같아. 할 줄 아는 게 하나라도 있어야 사람들 앞에 나서지. 창피해."

"당신도 돈 좀 많이 벌어봐요. 형님 댁은 이번에도 해외여행 간다잖아요. 우린 언제쯤 좋은 차 타고, 좋은 집에 살면서, 해외여행도 하느냐구!"

혹시 아이들 앞에서 이런 넋두리를 늘어놓은 적은 없는가? 아이들은 어른들이 감정을 걸러내지 않은 채 함부로 내뱉은 말을 그대로 받아들인다. 부모의 열등감이 아이들에게도 대물림되는 것이다. 또한 긍정적이지 못한 사고방식도 고스란히 배운다.

더욱 무서운 것은 부모의 이러한 열등감이 '내 자식은 이렇게 키우지 않겠다'는 목표를 세우게 하고, 그 결과 자녀를 자신의 틀에 맞추려고 한다는 것이다. 나는 못 배우고 자랐으나 '자식만큼은 내가 못한 것을 모두 하게 해주겠다'는 마음은 바람직하지 않다. 자녀는 자녀의 삶을 살아야 한다. 부모의 못 이룬 꿈을 대신 이루어주기 위한 삶은 결코 행복할 수 없다.

이런 모든 이유로 '사랑하는 자녀를 위한 가정교육'의 바탕은 부모가 자신을 소중히 여기며 긍정적인 삶을 살아가는 데 있다. 주어진 것에 만족하고 최선을 다하며 늘 밝은 마음으로 살아가는 부모의 아이들은 표정부터 맑고 건강하다. 늘 밝게 웃고 친구들에게도 다정하며 자신을 사랑하고 아끼는 만큼 타인도 존중한다. 남과 자신을 비교하여 열등감에 빠지지 않으니 시기하거나 샘을 내서 다투는 경우도 없다.

"항상 좋은 생각만 해야 해."

"친구들과 사이좋게 지내야 해."

"남의 것을 탐내지 마."

이렇게 구체적으로 말하지 않아도 된다. 부모가 이미 그렇게 살고 있다면 아이들에게 있는 그대로 보여주는 것으로 충분하다. 그런 삶의 자세가 아이들에게도 습관처럼 몸에 밸 것이다.

아이에게
기본기를 채워주자

"안녕하십니까? 오늘도 좋은 하루 보내십시오."

해맑은 웃음이 막 묻어나는 얼굴로 유치원에 들어서는 아이들에게 해주는 우리 선생님들의 인사다. 선생님을 보고 머쓱한 표정으로 들어서던 아이도 이내 미소를 지으며 허리를 굽히고 화답한다.

"선생님, 안녕하십니까? 좋은 하루 보내십시오."

등원할 때뿐만이 아니다. 유치원 내에서 우연히 마주칠 때에도 처음 얼굴을 마주한다면 반드시 인사를 건네고 있다. 선생님이 먼저 할 때도 있지만, 어느 정도 시간이 지나면 아이들이 먼저 환하게 웃으며 다가온다.

아이들과의 이 기분 좋은 인사가 처음부터 순조로운 것은 아니

었다. 선생님들이야 늘 해오던 인사였지만, 이제 막 엄마 품을 벗어나 단체생활을 시작한 아이들은 멋쩍은 표정으로 당황하기도 한다. 더러는 처음부터 큰 소리로 "안녕하십니까?" 하고 화답하는 성숙한 유아도 있다.

아이들이 당황하는 이유는 두 가지다. 첫째는 인사에 익숙하지 않아서다. 특히 다섯 살 아이들은 아직 제대로 된 인사를 경험해본 적이 없었기 때문에 당황하는 경우가 많다. 또 다른 이유는 나이가 많은 어른이 어린이인 자신에게 허리를 숙여 큰 소리로 정중하게 인사하는 것이 낯설어서다. 어리지만 어른의 존재를 충분히 인식하고 있기 때문에 높임말로 인사해주는 그 모습에 어떻게 반응해야 할지 모르고 부끄러워 미적거리다 수줍게 웃곤 한다.

경우에 따라 조금씩 다르긴 하지만, 처음 신입생일 때는 대부분 이런 인사가 무척 낯설고 어색할 수밖에 없다. 그러나 시간이 흐르면 아이들도 저절로 깨우친다. 마치 태어나기 전부터 그렇게 해야 하는 것을 알고 있었던 것처럼 자연스럽게 반사작용으로 화답 인사를 하게 되는데, 그 목소리가 점점 우렁차고 씩씩해진다. 그리고 유치원을 졸업할 즈음에는 사람과 사람이 만났을 때 정중하게 인사를 나누는 것이 몸에 배 습관이 된다.

나는 인사를 무척 중요하게 생각한다. 비단, 유아교육 측면에서 교사들과 더불어 공손한 존댓말로 인사를 나누도록 하고 있지만, 이런 인사법은 우리 어른들의 사회생활에서도 반드시 필요한 예의범절이라고 믿는다. 사람과 사람이 처음 만날 때의 인사란 관계를 시작하기에 앞서 상대방을 존중하고 배려한다는 차원에서 마음을 열었다는 상징과도 같은 것이다.

그래서 나는 함께하는 선생님들을 비롯하여 아이들을 보살피는 직원 모두가 서로에게 사려 깊은 인사를 건네도록 하고 있다. 선생님이 아이들에게, 아이들은 선생님에게, 아울러 선생님과 선생님 사이에서도 서로 허리를 숙여 환한 미소가 담긴 목소리로 인사를 나누도록 한다.

그런데 아주 재미있는 일들이 벌어진다. 몸을 단정히 세우고 허리를 숙여 인사를 건네면, 아이들도 특유의 흥분했던 몸짓을 멈추고 몸가짐을 단정히 한다는 사실이다. 그리고 인사를 건넨 선생님께 이렇게 대답한다.

"안녕하십니까, 선생님? 오늘도 좋은 하루 보내십시오."

그러고는 차분하고 얌전한 걸음으로 총총 걸어 교실의 친구들에게로 돌아간다. 다섯 살 수줍음 많은 표정이었던 작은 체구의 아이가 어느새 한 뼘은 훌쩍 자란 것처럼 늠름하고 의젓해 보인다.

어떻게 사랑스럽지 않을 수 있을까?

아이들은 보이면 보이는 대로, 들리면 들리는 대로 받아들여 자기 것으로 만들어내는 엄청난 습득력을 발휘한다. 어른들보다 순수하고 맑은 영혼을 가졌기 때문이다. 보이는 것을 평가하고 잇속을 따져 분별하기보다, 그대로 모두 흡수하고 받아들이는 순수함이 경이롭다. 억지로 가르치고 강요하지 않아도 순수로 무장한 아이들의 맑은 영혼이 어떻게 건강하게 성장할 수 있는지 매번 깨닫고 확인하게 된다.

질서를 지켜주세요

지인들과의 모임이 있던 어느 날의 일이다. 우린 편히 앉아 식사할 수 있는 한식당을 찾았다. 모두가 이구동성으로 주문한 메뉴는 뜨거운 돌솥밥이 나오는 한정식이었다. 주문한 음식이 테이블에 놓이기 시작했을 무렵, 젊은 엄마들과 5~7세가량으로 보이는 어린아이들이 자리를 잡고 앉았다. 아니, 사실대로 말하자면 엄마들은 앉았고 아이들은 신이 나서 뛰어다니기 시작했다.

"저러다 넘어지면 큰일 날 텐데……."

"엄마들이 좀 제지해주면 좋으련만 그냥 모른 척하네."

"뜨거운 음식들이 오가는데 아이들이 다칠까 봐 걱정이네."

목소리를 낮추며 근심어린 시선으로 아이들을 지켜보던 우리는 모두 유아교육에 종사하는 교사들이었다. 자녀의 질서교육에 무관심한 엄마들과 위험에 무방비로 노출된 아이들이 염려스럽지 않을 수 없었다. 불안감은 곧 현실이 되었고 이리저리 뛰어다니던 아이들 중 한 녀석이 바닥에 놓인 방석을 밟고 미끄러져 테이블 모서리에 턱을 찧었다.

고통과 충격으로 놀란 아이의 울음소리가 음식점에 울려퍼졌고, 즐거운 식사 시간을 보내던 많은 이의 시선이 아이와 부모에게 향했다. 다행히 큰 상처는 입지 않은 듯했다. 그러나 아이가 울음을 멈출 때까지 타인의 시선이 그들을 향해 힐끔거리는 것은 어쩔 수 없었다.

꽤 시간이 흐른 오래전의 일이지만, 그 후로도 이런 풍경을 자주 목격했던 것 같다. 나뿐만 아니라 우리 대부분 주인공만 다른 비슷한 사건의 목격자들이 아닐까? 더러는 목격자가 아니라 식당에서 뛴 아이의 부모였을 수도 있겠다. 그리고 뛰다 다친 아이이건, 뛰는 아이를 말리던 부모이건 속내가 썩 편하지는 않았을 것이다. 부모가 아무리 말려도 무시하고 뛰는 아이를 붙잡아 앉히는 일이란 오뚝이를 눕혀놓는 것만큼이나 어렵기 때문이다.

더불어 살아가야 하는 세상에서 어린이에게 바른 마음과 바른 행동을 가르치는 인성교육(마음교육)은 매우 중요하다. 그리고 그 중에서도 남을 생각하는 마음, 배려하는 마음이 우선순위에서 빠지지 않는다. 타인을 배려하지 않고 나 혼자만의 편리함이나 이익만을 추구한다면 철저히 홀로 살아갈 수밖에 없다. 질서를 지키려는 의지는 타인을 향한 배려의 첫 출발이다.

인간 중심의 교육혁명가이자 근대교육의 아버지로 불리는 페스탈로치는 가정교육의 중요성과 더불어 올바른 방향을 제시했는데, 그 첫 번째로 가정에는 질서가 있어야 한다고 강조했다. 가족 구성원들이 서로를 위해 지켜야 할 도덕적인 질서와 생활 전반에 걸친 질서를 우선적으로 가르치고 지켜야 한다는 것이다. 가정 내에서 단단하게 키워진 우리 아이들이 사회의 구성원으로 살아가야 함을 생각한다면, 그 준비 과정의 첫 단계가 바로 질서교육이다. 페스탈로치는 바로 그 점을 우리에게 말하고 있다.

꼭 교육 이론이 아니더라도 인간의 역사, 우주에는 곳곳에 질서가 존재해왔다. 아침이 오고 밤이 온다. 봄부터 시작한 계절은 여름, 가을을 지나 겨울로 이어진다. 세상에 태어난 아기는 누워서 부모의 보살핌을 받고 자라나 걷게 되고, 이후 달리기도 한다. 이처럼 우주와 자연의 이치에도 질서는 존재한다.

이런 중요한 이유로 유치원의 유아교육에서도 질서교육이 빠지지 않는다. 아침에 유치원에 도착한 순간부터가 시작이다. 아이들은 줄을 맞춰 순서대로 유치원에 들어오고, 현관에서 신발을 벗어 가지런히 신발장에 넣어둔다. 복도나 계단을 오를 때도 선생님의 지시에 따라 뛰지 않고 예쁘게 걷는 모습을 보면 사랑스럽기 그지없다.

사실, 정말 중요한 질서교육은 가정 내에서 시작된다. 아이는 6개월에서 만 3세의 시기에 질서에 강하게 반응하는 민감기를 거치는데, 이 시기에는 유치원이 아닌 가정에서 부모님과 생활하기 때문이다.

이때의 아이들은 유난히 자신이 익숙한 것에 집착하며 같은 순서, 같은 장소, 같은 방법을 유지하려 한다. 장난감으로 놀이를 할 때도 자신만의 방법을 고집하는 것을 볼 수 있다. 가령 아이가 갖고 놀던 블록을 아무렇게나 쌓은 것 같아 엄마가 고쳐주면 화를 내며 원상 복귀시키기도 한다. 현관의 신발도 엄마 신발 옆에 반드시 자신의 것을 나란히 놓아야 한다고 할 때에는 그냥 웃어넘길 일이 아니다. 아이가 발달 과정이 질서에 민감한 시기임을 간파하고 그에 맞는 환경을 만들어줄 일이다.

또한 아이의 그런 행동을 고집이라 생각하지 않고 자신만의 질서 속에서 생활하게 하여 안정감을 느끼도록 하는 것도 필요하다. 좀 더 성장하여 지능이 발달하면 자신만의 질서에 집착하는 성향은 사라지니 전혀 걱정할 일이 아니다. 반대로 이렇게 질서에 집착하는 민감기에 규칙적인 생활과 바른 습관이 몸에 밸 수 있도록 환경을 만들어주는 것이 부모가 해줄 수 있는 올바른 질서교육이다.

그렇다고 어린아이들을 앉혀놓고 질서의 중요성을 설명하고 가르칠 필요는 없다. 아이들에게는 우리 어른들이 보여주는 것만으로 가장 효율적인 교육이 이루어진다.

횡단보도에서 빨간불에 건너지 않고 반드시 파란불에 건너는 부모를 지켜본 아이는 가르치지 않아도 모방하고 깨우친다. 집 안에서도 마찬가지다. 아래층에 사는 사람에게 피해가 가지 않도록 집 안에서 뛰지 않고 살살 걷는 것이나, 부부 사이에 서로 존중하는 태도 등등 사소한 것 하나하나가 아이들에게는 생활 속 경험으로 배우는 모델링이 된다.

식탁에서 식사를 할 때 텔레비전을 끄고 차분히 앉아서 식사하는 가족들의 모습에서 아이들 또한 식탁 예절을 자연스럽게 익힐 수밖에 없다. 아버지가 운전하는 차를 가족이 함께 타고 있을 때, 함부로 경적을 울리고 신호 위반하며 옆 차가 끼어들었거나 빨리 가지 않는다고 화를 낸다면, 아이 또한 그 모습을 보고 배우게 된다.

아이들은 아직 아무 그림이 그려지지 않은 순백의 도화지다. 그곳에 무엇이 어떻게 그려질지는 부모가 어떤 모습을 보여주느냐에 따라 달라진다. 보는 것을 바로 익히는 신비로운 학습 능력을 가진 존재가 바로 유아기의 아이들이다.

규칙을 알고 지켜야 해요

♥

규칙은 함께 더불어 살아가는 사회에서 서로 지키기로 약속한 것을 말한다. 앞서 이야기한 질서교육에서도 빠질 수 없는 것이 특

Tip

부모님이 본보기가 되어주세요!

- 횡단보도를 건널 때 뛰지 않아요.

- 마트에서 장 볼 때나, 계산대에서도 순서대로 줄을 서요.

- 버스나 지하철을 탈 때도 차례를 지켜요.

- 식당이나 공공장소에서 큰 소리로 휴대전화 통화를 하지 않아요.

- 아이들이 장난감을 어지르지 않기를 바란다면, 부모님도 정리정돈에 애써주세요.

- 옷을 함부로 아무 곳에나 벗어놓지 않아요.

- 현관에 신발을 가지런히 벗어놓아요.

- 부모님이 밤늦게까지 텔레비전을 본다면 아이도 그러고 싶어 해요.

- 아이가 어른을 공경하는 아이가 될 수 있도록, 부모님도 어르신께 버스나 지하철의 자리를 양보하는 모습을 보여주세요.

히 '규칙 지키기'이다. 규칙, 사람들 사이의 약속을 지킴으로써 질서가 유지되는 것은 당연하다. 가정 내에서도 이러한 규칙을 정하고 지키는 연습을 통해 아이들의 사회성을 길러줄 수 있으며, 올바른 생활 습관을 들이는 데 긍정적인 영향을 미칠 수 있다. 그 변화는 아이들과 함께 지킬 수 있는 가능한 규칙을 정하는 것에서 출발한다.

유민이는 친구들과 원만한 유대관계를 맺지 못하고 고독한 모습으로 지내던 아이였다. 6세의 유민이는 별다른 사고나 말썽 없이 차분하고 얌전했지만 매사에 소극적이고 자신감이 없는 편이었다. 시키는 일 외에는 자발적으로 나서는 일이 없었고, 인사를 나누는 것에도 매우 수줍어했다. 특히, 자신의 의사를 또렷하게 표시하지 못해 좋고 싫음을 알 수 없었다.

"어머님, 힘드시겠지만 가정에서도 함께 도와주세요."

어머니와의 깊은 상담 끝에 유민이에게 긍정적인 변화를 가져올 해법을 찾기로 했다. 그것은 우선 유민이가 속한 가정 내에서 이루어져야 한다고 생각했고, 어머니와 아버지의 도움이 절실히 필요했다. 다행히 사랑스러운 딸을 위한 해법이라는 것을 이해한 부모님은 적극적으로 나서주었다.

"유민이에게 자연스럽게 말할 기회를 주시는 거예요. 유민이와 함께 지킬 수 있는 작은 규칙들을 정해주세요."

유민이는 부모님과 더불어 몇 가지 작은 규칙들을 정하였다. 물론, 어머니가 적극적으로 유민이의 의견을 끌어내는 역할을 한 덕분이었다.

"아침에 일어나면 아빠도 회사 갈 준비하시고, 유민이도 유치

원 갈 준비를 해야 해서 엄마가 너무 바빠요. 아빠는 어떻게 도와
주실래요?"

어머니의 말에 아버지는 미리 약속해두었던 대답을 했다.

"나는 일어나서 이불 정리를 해줄게요. 그리고 이제 아침에는
텔레비전을 켜지 않고 아침상 차리는 걸 도울게요."

아빠의 대답이 끝나고 유민이 어머니는 정말 고맙다는 감사의
인사를 했다. 어머니는 유민이에게도 도움을 요청했다.

"유민이도 아침에 엄마 도와줄 수 있을까요?"

묻기는 했지만, 유민이가 과연 대답을 해줄지 두근거렸다고 했
다. 이윽고 배시시 웃던 유민이가 작고 귀여운 입술을 움직여 대답
했다.

"나도 아침에 이불 정리할래요."

기쁜 마음으로 유민이 가족은 새끼손가락을 걸고 약속의 맹세
를 했다. 이제 유민이와 유민이 아버지가 말한 것은 그대로 규칙이
되었고, 매일 아침 지켜야 하는 약속이 되었다. 그날 이후, 유민이
네는 일주일에 한 번씩 비슷한 가족회의를 거쳐 새로운 규칙을 정
해나갔다. 벗은 옷은 빨래 바구니에 넣는다거나, 신발을 현관에 가
지런히 정리하는 것 등은 소소하지만 쉽게 성취감을 얻을 수 있는
규칙들이었다.

"그런데 생각지 못한 일이 생겼어요. 아래층에 새로운 사람들
이 이사를 왔는데요……."

아마도, 하필 그날 손님들이 유민이네 집에 다녀갔고 함께 저녁 식사를 하며 조금 시끄러웠던 모양이다. 조심스럽게 움직인다고 했는데 아래층에서 다음 날 항의 방문을 했다고 한다. 유민이의 발소리까지 문제 삼은 아래층 이웃은 조용히 해달라는 부탁을 하며 돌아갔다.

"우리는 몰라도 아래층은 소란스러울 수 있어요. 우리에겐 일상이라 무심히 지나가지만, 아래층은 타인의 소음이니 상대적으로 더 크게 들리거든요."

"네. 그래서 저도 사과드리고 바닥에 매트를 깔아 소음을 줄이려고 노력했답니다. 그런데 유민이가……."

이웃의 항의 방문 때 유민이가 곁에서 지켜봤다고 한다. 어린 마음에도 이웃의 항의가 난처했을 것이다. 어린아이라고는 하지만, 이 어린아이들에게도 타인의 감정을 읽는 레이더가 있고 부끄러움이나 창피함과 미안함을 느끼는 것은 너무도 당연하다. 아주 어린 아기도 꾸짖으면 속상해서 울고, 세 살 아이도 친구 앞에서 혼날 땐 창피해하고 자존심 상해한다.

"다음 가족회의 때 유민이가 그러더군요. 아래층 아줌마가 싫어하니까 이제 자기도 살살 걸어야 하고, 아빠도 엄마도 살살 걸으라고요. 어린 마음에도 깨달은 바가 있었던 거죠. 집 안에서도 맘 놓고 놀지 못하는 현실이 안타깝지만, 한편으로는 이것이 사회 규칙이고 이웃을 배려하는 기본자세잖아요. 어린 것이 벌써 이런 걸

깨닫고 생각할 줄 안다는 게 너무 기특해요.”

아이의 행동에 긍정적인 변화를 이끌어내기 위한 해법을 가정 내에서 시작했다고는 하지만, 변화는 늘 안팎으로 찾아온다. 유민이는 친구들 사이에서도 매우 밝고 활달한 아이가 되었고 자신의 목소리를 낼 줄 아는 적극적인 아이로 성장했다.

자연스럽게, 규칙에 대한 이해나 실천하는 것 또한 다른 아이들보다 훨씬 빨랐다. 그래서 다른 아이들에게 모범적 모델이 되기까지 했다.

“유민이는 정말 규칙을 잘 지키는 어린이로군요. 친구들과 선생님과의 약속을 잘 지켜주어 원장님도 정말 감동받았어요.”

다른 아이가 제대로 정리하지 못한 신발까지도 가지런히 놓아주는 것을 본 내가 유민이를 칭찬했다. 아이는 흐뭇한 표정을 지었고, 나는 그런 유민이를 꼬옥 안아주었다. 아이들에게는 맛있는 과자나 달콤한 사탕보다 따뜻한 체온이 담긴 깊은 포옹이 더 없이 큰 상이었다.

스스로 할 수 있어요

스스로 해낼 수 있다는 것은 아이가 독립심을 갖는 시작점이다. 어려서부터 스스로의 힘으로 이루어내는 즐거움(성취감)을 맛본 아

아이들과 함께 집에서 만들어 지킬 수 있는 규칙들

- 텔레비전은 밤 여덟 시까지만 보아요.

- 잠자리에서는 게임기를 켜지 않아요.

- 밤 아홉 시 이후에는 집 안에서 뛰지 않아요. 평소에도 사 뿐사뿐 걸어요.

- 식탁에서는 식사 외에 다른 행동을 하지 않아요.

- 아빠는 매주 일요일에 가족과 함께 운동을 해요.

- 엄마를 도와 식탁에 수저와 젓가락을 놓아요.

- 신발 정리는 출구 쪽으로 신발 앞쪽 방향이 가도록 가지 런히 놓아요.

- 책을 읽고 제자리에 꽂아요.

- 옷을 벗으면 빨래 바구니에 담아요.

- 장난감을 어지르지 않아요.

이는 자신감이 충만하다. 적극적인 성격이 되어 부모에 의존하지 않고 자신의 삶을 살아가는 주도력도 갖게 된다.

어쩌면 우리 부모들이 아이에게 바라는 모습의 가장 중요한 부분 중 하나일 것이다. 그리고 이런 독립심은 의외로 아주 작은 것에서부터 시작된다. 혼자 힘으로 머리를 빗거나, 손을 씻는 것, 양

말을 신거나, 옷을 입을 줄 아는 것이 그렇다.

'환경이 준비되어 있다면, 아이들은 본능적으로 스스로 잠재력을 발달시키고 창조합니다.'

최초의 어린이집을 설립하고, 아이들을 관찰하여 내면의 잠재력을 발견하고 그에 맞는 교수법을 창시한 몬테소리 여사가 한 말이다. 부모라면 몬테소리를 익히 알고 있을 것이다. 이탈리아 최초의 여성 의사였던 그녀는 1907년에 세계 최초의 어린이집을 설립했다. 그녀는 교육 전문가로 활동하며 아이들의 무한한 잠재력을 발견해냈으며, 일찍이 그에 맞는 교육법을 만들어 세계화시켰다.

그녀는 아이를 부모나 교사의 지시를 따르도록 가르쳐서는 안 된다고 생각했다. 부모나 교사는 좋은 환경을 만들어 아이 스스로 성장하도록 돕는 보조자 역할을 해야 한다는 것이다. 따라서 그녀의 교육법은 주입식이 아니다. 아이에게 스스로 하고 싶어 하는 의욕이 생기도록 유도할 수 있는 환경을 만들어주는 데 역점을 둔다.

절대 부모가 필요 이상으로 아이를 도와서는 안 된다. 만약 부모가 지나친 간섭으로 아이들이 할 일을 대신해주게 된다면 의존적인 성향이 생기고 자신의 의지와 뜻보다는 무조건 순종하는 사람으로 성장하게 된다.

- 밥은 혼자 먹을 수 있도록 해요. (필요한 환경 : 유아용 식기, 의자, 수저, 물컵 등)
- 혼자 양치, 세수, 손 씻기를 할 수 있어요. (필요한 환경 : 아이 키높이의 세면대 혹은 받침대, 아이 손이 닿을 수 있는 자리에 놓인 수건 등)
- 장난감 정리도 혼자 해요. (필요한 환경 : 장난감을 정리할 수 있는 바구니나 상자)
- 아이가 혼자 힘으로 해내면 그에 맞는 칭찬을 해주세요.
  "양치를 정말 깨끗하게 잘했구나!"
  "혼자서도 이렇게 옷을 잘 입을 수 있다니, 엄마는 정말 감동이야."

힘들 땐 도움을 요청해요

아이들이 스스로 해결하려고 노력해도 어려움에 놓일 때가 당연히 있다. 아무리 격려하고 용기를 불어넣어줘도 힘에 부치는 일까지 억지로 성공시킬 수는 없는 노릇이다. 여섯 살 아이가 부엌일을 하거나 무거운 짐을 들 수 없듯, 저마다 발달 수준에 맞는 일을

해야 한다. 그리고 서서히 힘을 키워가고 새로운 일에 도전하며 성취감을 맛보게 하면 스스로도 성장했다는 즐거움을 만끽할 수 있고 지켜보는 부모 또한 행복해진다.

중요한 것은 도와주는 것과 대신 해주는 것의 구별이다. 힘들어한다고 곁에서 지켜보는 부모가 대신 숙제를 해주는 것은 아이에게서 성장의 기회를 빼앗는 것과 마찬가지다. 부모는 철저하게 조력자나 후원자가 되는 것이 성장한 아이가 살아갈 미래를 위해서라도 올바른 선택이다.

"이렇게 많은 책을 한꺼번에 들고 갈 수 있어요?"

한눈에 보기에도 무척 무거워 보이는 책을 턱 밑까지 쌓아 들어 올리려는 아이를 보고는 곁에 있던 선생님이 물었다. 분명 나에게 책을 가져다주는 심부름을 통한 성취감을 맛보게 하기 위해 선생님이 만들어준 기회였을 것이다.

"정말 할 수 있겠어요? 혼자 힘으로 어려울 것 같은데, 선생님이 좀 도와주고 싶어요. 힘들 때는 도움을 요청하는 것이 좋은 거예요."

무작정 나서는 것이 옳지 않다는 것을 잘 알고 있는 선생님이 아이에게 묻자, 그제야 아이도 빙긋이 미소 지으며 고개를 끄덕였다.

"선생님! 제가 도울게요! 저도 돕고 싶어요!"

그러자 곁에 있던 다른 아이가 다가와 씩씩하게 말했다. 언제나 적극적이고 발랄한 친구였다.

“어머, 정말 고마워요. 그럼 친구를 도와서 이 책을 원장 선생님께 가져다 드릴 수 있겠어요? 친구를 돕는 것은 정말 감동적이고 훌륭한 일이에요.”

선생님의 칭찬에 아이들의 얼굴은 굉장히 행복한 표정이 되었다. 서로 돕겠다고 나서는 친구들도 더 늘었고, 아이들은 손에 손에 책을 나눠 들고는 계단을 조심스레 올라와 나에게로 왔다.

“정말 고마워요. 심부름을 친구들과 함께 훌륭하게 해주어서 무척 감동받았어요.”

비록 우리 선생님들을 통해 인위적으로 만들어진 심부름이었지만, 성취감도 맛보고 서로 돕는 기쁨도 맛보는 이런 기회는 아이들이 평생 가져갈 중요한 씨앗이 된다. 이런 소중한 경험은 훗날 남을 기꺼이 돕고 배려하는 어른으로 자라나게 한다.

또한 어릴 적의 소소한 성취감들이 더 큰일을 해낼 수 있는 자신감을 가지게 해 성장과 발전에 거름 역할을 해준다. 그러니 이러한 소중한 기회를 부모가 무의식적으로 빼앗는 것은 매우 곤란하다. 오히려 더 많은 기회를 주는 것이 아이의 발달과 성장에 도움이 된다.

올바른 식습관으로 건강을 지켜요

♥

"영준이는 오늘도 식사를 조금만 하는 거예요? 잘 먹어야 쑥쑥 키가 크는데 영준이가 식사를 잘 못하니까 너무 속상해요."

영준이가 왜 식사를 제대로 못하는지는 잘 알고 있었다. 하지만 영준이와 어머니를 상담한 후 고치기가 매우 힘들겠다는 생각을 지울 수가 없어 늘 안타까웠다.

"아이도 좋아하고, 저도 좋아해서……."

유치원에서 제공하는 간식이나 식사를 잘 먹지 않는 영준이가 안타까워 어머니께 방문을 요청하고 상담을 진행했다. 예상은 했지만 이 가족은 패스트푸드로 식사하는 대표적인 가정이었다.

"주로 햄버거나 피자 같은 것으로 저녁을 먹어요. 애들 아빠가 퇴근하면서 치킨을 사오기도 하고, 저랑 아빠는 맥주 마시고 아이는 콜라를……."

"그럼 밥은 언제 드세요?"

"제가 낮에 일을 다니고 바쁘니까, 밥을 해도 반찬을 잘 못해요. 그래서 삼겹살 구워 먹을 때나 밥을 하고요. 아니면 외식하거나 자장면 같은 것 먹거나…… 식구들 식성이 비슷해요."

참으로 안타까운 일이다. 영준이의 비만 원인이 짐작되었다. 어머니도 이미 고도 비만의 모습이었고, 의자에 앉았을 때 허벅지를 모아 붙이기 힘든 체형이었다. 영준이 또한 눈에 띌 정도로 다른 아이들보다 뚱뚱했다.

"영준이가 유치원 밥은 맛이 없대요. 된장국이나 시금치 반찬, 생선 구운 것이나…… 모두 골고루 먹어야 할 텐데. 솔직히, 요즘 애들이 좋아하는 것들은 아니죠."

요즘 아이들이 좋아하는 음식이 아니라니? 사실, 아이들은 이 식단을 친구들과 정말 맛있게 먹었고, 피자나 치킨이 밥이 아니라 간식이라는 개념을 잘 인식하고 있었다.

꽤 오랜 시간 영준이 어머니께 유아 식습관이 얼마나 중요한지와 아이의 건강 상태에 대해 이야기했다. 하지만 영준이 어머니는 몰라서라기보다 이미 당신 평생 유지해온 식습관에 대한 부정을 하고 싶지 않았던 것 같다. 심지어 아버지까지 같은 취향을 갖고 있었으니 자녀인 영준이가 달라지기를 기대하는 것은 거의 불가능했다.

"잘못되었다는 생각은 하고 있지요. 그래서 줄이려고 노력도 하고는 있어요. 그렇지만 저희는 아직 건강해요. 병원에 가도 아무 이상 없다고 하고요."

완고한 어머니에게 더 길게 당부하는 것은 자칫 감정을 상하게 할 수도 있는 일이었다. 그래도 다시 한 번 아이의 건강을 고민해 주길 부탁하는 것으로 상담을 마무리했다. 영준이는 이후로도 유치원의 음식을 거의 먹지 않았다. 오히려 엄마가 넣어준 햄버거나 도넛을 가져와 선생님들을 당황하게 하곤 했다.

많은 어머니가 매우 중요한 것인데도 불구하고 깜빡 잊는 것이 있다. 바로, 아이의 유아적 식습관이 평생 건강을 좌우한다는 사실이다.

요즘 아이들이 피자나 햄버거나 치킨을 즐겨먹는 현실을 지켜보는 내가 종종 아연할 때가 있다. 우리 어른들의 세대는 지금도 '어머니의 손맛'을 말하며 구수한 된장찌개, 밀대로 밀어 만든 멸치 칼국수의 시원한 국물맛, 갓 지은 밥에 얹은 어머니의 김장 김치 등등을 상기한다.

그런데 지금 우리의 아이들이 먼 훗날 기억하게 될 '어머니의 손맛'은 대체 무엇일까? 어머니가 마트에서 사 온 양념갈비? 어머니가 인터넷으로 주문한 배추김치? 아버지가 퇴근길에 사온 유명 맛집의 닭강정? 몇 년을 두어도 썩지 않는다는 놀라운 기적의 햄버거? 두 개만 먹어도 한 끼 식사를 채우고도 남을 높은 열량의 도넛?

나는 이 먹거리들이 우리 아이들의 건강을 야금야금 먹어치우는 것을 지켜보는 게 매우 안타깝다. 우리가 기억하고 추억하는 것들은 곧 우리 아이들도 그렇게 할 소중한 것들이다. 내가 기억하는 어머니의 손맛은 나를 통해 내 후대인 자녀들에게 아련한 추억이 된다. 그것이 훗날 나와 내 자녀들이 어머니를 추억하는 방법이자 그 추억의 매개체이고 그리움의 편린이다. 그런데 이제 아이들이 우리 어머니들을 기억할 때 햄버거나 치킨을 떠올리게 된다면 얼마나 안타까운 일인가.

아이들의 균형 잡힌 식단과 식습관은 건강한 생활에 큰 영향을 미친다. 그리고 내가 부모에게 정성을 갖춘 식단과 식습관을 강조하는 이유는 또 있다. 아이는 자라면서 성별에 따라 신체적 차이와 변화에도 관심을 갖게 되는데, 유치원을 졸업하고 초등학교를 가게 되면 더욱 남을 의식하는 시선이 발전한다. 즉, 또래 친구들과 다르게 비만하여 움직임이 둔하고 민첩하지 못하다면 신체적 활동도 어려워지고, 타인의 시선을 부담스럽게 생각하여 자신감과 상실감이 커진다. 아울러 부모가 바라는 좋은 인간관계, 교우관계에서도 어려움이 따르게 된다. 그러므로 자녀의 앞날을 길게 내다보며 균형 잡힌 식습관을 길러주는 것이 바람직하다.

온 가족이 함께 아침을 꼭 먹어요!

하루의 식사 중에 아침 식사의 중요성은 아무리 강조해도 지나치지 않다. 아침은 거르지 않고 꼭 먹는 습관을 아이에게 만들어주자.

억지로 먹이지 마세요.

싫어하는 것을 억지로 먹이지 말자. 그러나 아이가 먹을 수 있도록 조리법을 다양화하는 노력은 멈추지 말자. 처음 먹어보는 음식, 아이가 꺼려할지 모를 첫 음식은 가능하면 배가 고플 때 먹여보자.

아이에게 적당한 양을 주세요.

음식을 남기는 습관이 생기지 않도록 적당한 양을 담아주고
다 먹었을 때는 반드시 칭찬을 해주자.

함께 식사를 준비해요.

아이들은 엄마와 함께 식사를 준비하며 즐거움을 느끼고,
자신이 평소 싫어하던 식재료도 직접 만들었다는 즐거움에
먹어보겠다는 호감을 갖게 된다. 아이에게 젓기, 무치기, 그
릇에 담기 등 가능한 한 도움을 구하고 함께한다면 적극적
으로 식사에 참여하는 놀라운 변화를 볼 수 있다.

식사 예절을 가르쳐주세요.

식사 중에 돌아다니지 않기, 텔레비전은 반드시 *끄기*, 식전
에 감사의 인사 '감사히 먹겠습니다' 하기, 식후 식사에 대
한 감사의 인사 '맛있게 잘 먹었습니다' 하기, 바른 자세로
먹기, 식후 식탁 같이 치우기 등등…….

식전의 간식은 곤란해요.

아이들은 단맛의 과자를 밥보다 더 좋아한다. 그러므로 균
형 잡힌 식사량을 위해 지나친 간식을 허락하는 것은 올바
른 식습관에 도움이 되지 않는다.

과잉보호,
사랑이라는 이름의 독약

"우리 아이가 엄마 보고 싶다고 울면 어떻게 하죠?"

해마다 10월이면, 졸업을 앞둔 아이들과 함께 1박 2일 졸업여행을 떠난다. 난생처음 친구들과 함께하는 여행에 아이들의 눈빛이 모험가처럼 반짝이는 것이 정말 예쁘다. 아이의 신 나는 마음과는 다르게 하룻밤의 애틋한 이별에 걱정이 더 앞서는 엄마들이 꼭 몇 분은 있다.

"아직 한 번도 떨어져 자본 적이 없어서요. 정말 괜찮을까요?"

금방이라도 뚝뚝 떨어질 것처럼 그렁그렁해진 눈물을 소매 끝으로 콕콕 찍어내는 모습에 웃을 수도, 함께 울어줄 수도 없는 노릇이다.

"아직 어린데 무서워하지 않고 잘 다녀올지, 너무 걱정이……."

어머니는 끝내 말끝을 흐렸다. 곁에 있던 아이는 엄마의 그런 모습에 뭐라 말도 못한 채 눈치만 살폈다. 담임 선생님을 불러 아이를 버스에 태웠다. 버스 밖에 선 엄마가 창가에 매달리다시피 아이의 마지막(?) 모습을 보기 위해 겅중거렸다. 키 작은 아이는 버스 통로를 걷는 동안 잘 보이지도 않았다.

이윽고 아이가 좌석에 앉아 창밖의 엄마에게 시선을 돌렸다. 그러자 엄마가 울음 섞인 목소리로 말했다. 밥 잘 챙겨 먹고, 선생님 말씀 잘 들어야 해. 엄마 보고 싶어도 절대 울지 말고……. 차마 눈물 없이는 볼 수 없는, 이 얼마나 가슴 절절한 이별인가.

우리를 태운 버스는 출발했고, 엄마의 모습도 그렇게 사라져갔다. 엄마는 선생님들이 따로 연락을 드릴 때까지 내내 걱정하고 있을 것이 분명하다. 자리에서 일어나 버스 안을 살펴본다. 유감스럽게도, 아이들은 지금 너무도 신이 나서 왁자지껄 떠들며 노래를 하고 손뼉을 치고 있다. 엄마가 눈물을 흘리며 애처로운(?) 이별을 했던 아이 또한 마찬가지다. 걱정과는 달리 마냥 행복해하는 아이의 모습을 휴대전화로 사진 찍어 엄마에게 보냈다. 아이가 잘 지내고 있어 다행이라며, 짧은 답장이 돌아왔다. 더러는 '배신감이 드네요'라며 살짝 실망하는 엄마들도 있다. 이런 초보 엄마의 모습도 내게는 예쁘고 감동적이다.

세상이 무서워졌다. 우리 어른들이 아이였던 시절, 해 질 녘까지 신 나게 놀다 들어와도 아무 걱정 없이 그러려니 할 수 있는 그런 세상이 아니다. 바로 내 집 앞 놀이터에서도 정체 모를(?) 이웃에 의해 있어서는 안 될 끔찍한 일들이 벌어지곤 한다. 저녁밥 먹을 때가 되어도 집에 오지 않는다고 찾아나서는 것이 아니라, 잠시만 아이의 모습이 보이지 않아도 발작적으로 경계해야만 하는 세상이니, 어떻게 안심하며 아이를 키울 수 있겠는가?

하지만 연일 터지는 무서운 뉴스들이 아니더라도 우리 부모들이 아이를 깨지기 쉬운 유리처럼 조심조심 대하고 있는 경우가 많다. 이것은 세상이 무서워서가 아니라, 아이를 믿지 못하는 부모의 여린 마음에서 기인한다.

"아직 어리잖아요."

"엄마가 대신 해줘야죠. 아이가 어떻게 해요?"

옷을 대신 입혀주고 밥을 떠먹이는 일이 너무도 당연한 일인 것처럼 군다. 오히려 아이 스스로 하도록 두는 부모에게 "아직 아이가 어린데 너무하네"라고 말하는 사람도 있을 정도다. 그뿐인가? 칫솔질을 대신 해주고, 신발을 신겨주고, 할 수만 있다면 시험지의 답도 가르쳐준다.

문제는, 대개의 부모들이 이러한 과잉보호를 '사랑'이라고 생각한다는 것이다. 그러나 나는 과잉보호를 '독약'이라고 말한다. 아이는 과잉보호라는 독약을 마심으로써 스스로 성장할 수 있는 자생력을 잃게 된다는 것을 부모들은 절대 간과해서는 안 된다.

성호가 드디어 말을 했어요!

내가 교사로 있던 시절의 일이다. 담임으로 맡은 반 아이들 중에 말을 하지 않기로 유명한 성호가 있었다. 말만 하지 않는 것이 아니라 유치원에서는 간식도 먹지 않았다. 놀이동산으로 소풍을 가도 도시락을 먹지 않았으며, 물 한 모금 입에 대지 않았다.

6월 셋째 주에 이루어지는 아이들의 봄 소풍은 꽤 많이 걷는 일정이라 중간에 쉬면서 물도 마시고 휴식을 취해야 할 만큼 땀을 흘리게 된다. 성호는 얼굴까지 창백해지고 입술도 하얗게 질려 있었다. 이러다 쓰러질까 걱정이 되는데도 물을 마시지 않았다.

여섯 살의 성호는 일곱 살이 되어서도 달라지지 않았다. 여전히 말이 없었고 도시락도 간식도 먹지 않았다. 안타까웠던 나는 다시 봄 소풍을 가게 되었을 때 성호 어머니께 연락을 드렸다.

"성호가 이번 소풍날에는 집에서 쉬는 것이 어떨까요? 오월이지만 많이 걸어야 하고, 걷다 보면 땀도 많이 흘리는데 물 한 모금 마시지 않으니 혹시라도 아플까 봐 너무 염려가 되어서요. 어머님께서 양해해주시길 부탁드리겠습니다."

성호의 문제점에 대해서는 어머니도 익히 알고 있었다. 건강을

염려한 나머지 드리는 부탁이었기에 이해해주셨다. 그러나 소풍날, 성호는 아무 말 없이 묵묵히 가방을 등에 메고 소풍을 가겠다며 유치원으로 등원했다. 해가 한 번 바뀌어 성호와 함께한 지 두 해가 되었지만, 두 번째 소풍이었던 그날도 아이는 물 한 모금 입에 대지 않았다.

동료 선생님들과 원장 선생님 등 그 누구도 아이의 목소리를 들어본 사람이 없었다. 유치원에서 아이가 간식을 먹는 모습을 본 사람도 없었다. 집에서는 자신의 목소리로 말을 하는 아이였는데, 유치원에만 오면 입을 닫았다. 담당 교사로서 나 자신의 무능함이 느껴졌다. 아이를 사랑으로 열심히 돌본다면 어떤 경우에라도 긍정적인 변화를 만들 수 있다고 믿었다. 그러나 성호를 변화시키지 못했으니, 월급을 받는 것조차 죄송했다.

여름방학을 앞둔 어느 날 성호와 마주 앉아 조용히 대화를 나누자고 마음먹었다. 그런데 2년째 성호를 지켜봐왔던 내가 그만 감정에 북받쳐 눈물을 흘리고 말았다.

"성호야…… 성호야…… 엉엉. 성호가 말을 안 하니까…… 선생님이 너무 힘들어. 성호가 이렇게 말을 안 하면, 선생님이 더 이상 성호네 반 선생님을 못 할 것 같아."

나도 모르게 아이를 붙잡고 흐느끼고 있었다. 그러나 성호는 눈만 껌벅껌벅할 뿐 아무 반응이 없었다. 한 마디도, 단 한 마디도 하지 않았다. 나는 쉽게 울음을 멈추지 못했고, 그렇게 여름방학을 맞이했다.

　여름방학이 끝나갈 무렵, 나는 서서히 걱정이 되기 시작했다. 눈앞이 캄캄해져왔고, 남은 한 학기를 마치면 교사직을 그만두어야겠다는 마음의 준비도 했다. 아니 어쩌면, 무능한 교사이니 쫓겨날지도 모를 일이다.

　드디어 개학을 했고 성호와 아이들을 다시 만났다. 아이들이 팀을 꾸려 모둠 활동을 시작했는데, 서로 의논을 해서 돌아가며 발표하는 협동 활동과 창의적 활동의 수업이었다.

　특이한 것이 있다면 선생님인 나뿐만 아니라 아이들조차도 성호가 유치원 내에서 절대로 말을 하지 않는다는 것을 잘 알고 있다는 것이다. 그래서 성호의 차례가 돌아와도 자연스럽게 건너뛰는

것이 당연한 일처럼 굳어졌다. 그렇다고 아이들이 성호를 흉보거나 놀리지는 않았다. 아직 어린 나이이기 때문에 친구의 그런 행동에 큰 의미를 두지도 않았으며, 말 그대로 인정하는 눈치였다. 그날도 예외는 아니었다. 이윽고 성호의 차례가 돌아왔다. 나는 성호에게 용기를 내어 물어보았다.

"성호야, 성호도 오늘 자기소개할 수 있을까요?"

설마……? 늘 그렇듯 고개는 끄덕여도 절대 목소리를 내지 않던 성호가 오늘 드디어 말을 할 것인가?

"어? 성호도 오늘은 소개할 수 있어요? 정말 할 수 있어요?"

고개를 끄덕이는 성호에게 다시 한 번 물어보았다. 그러자 성호가 나를 빤히 바라보았다. 그리고 이렇게 말했다.

"네!"

바로 그때, 모든 아이의 흥분과 함성이 터져나왔다. 성호가 고개를 끄덕였던 순간, 모든 아이가 숨까지 참아가며 시선을 집중하고 있었던 모양이다. 성호의 입에서 '네!'라는 한마디가 나오자 아이들이 저마다 환호성을 내질렀고, 자리에서 벌떡 일어나 겅중겅중 덩실덩실 춤을 추며 즐거워했다.

"여러분, 성호가 자기소개를 한대요. 여러분 기다릴 수 있어요? 기다려줄 거죠?"

흥분한 아이들을 진정시키기 위해 물었다. 신이 난 아이들이 큰소리로 "네!" 하며 외쳤다. 호기심과 기대에 찬 눈동자들이 성호에게 집중됐다.

“저는 약속을 잘 지키는 이성호입니다.”

왈칵 눈물이 터질 것처럼 눈이 시큰시큰해졌다. 교실은 이미 축제 분위기였다. 더러는 너무 놀란 나머지 뒤로 넘어지는 시늉을 했고, 손뼉을 치며 성호를 응원했다. 아이들까지도 진심으로 기뻐해주고 있었다. 그날, 부모의 과잉보호로 친구들과 관계를 맺는 것에 미숙하고 표현하는 방법도 잘 몰랐던 성호가 진심 어린 격려와 환호 속에서 환하게 웃던 모습은 세월이 흐른 지금까지도 잊히지 않는 진한 감동이자 추억이다.

두려움 많은 엄마도 과잉보호의 경험자

“선생님, 어떻게 이럴 수가 있어요? 도대체 아이가 이렇게 되도록 뭐 하신 거예요?”

지금은 초등학교 고학년이 된 은규가 여섯 살이었을 때의 일이다. 어머니가 유치원으로 항의 전화를 해왔다. 은규의 허벅지 안쪽에 꼬집힌 상처가 있다고 했다. 아이에게 물어보니 친구 아무개가 꼬집었다고 하더란다. 아이들의 모든 행동을 선생님들이 다 알 수 없는 상황도 있다고는 하지만 쉽게 떠오르지 않는 장면이었다. 선생님들의 시선에서 크게 벗어나는 일이 없는 원내에서의 생활이기 때문에 이런 일이 생긴다면 분명 그 자리에서 알아차렸을 것이다.

하지만 이런 일은 이후로도 계속 반복되었다. 누군가를 괴롭히는 아이가 있다는 것도 큰일이지만, 괴롭힘을 당하는 아이가 받을 상처를 생각한다면 절대 간과해서는 안 되는 일이었다. 더 이상 두고 볼 수 없어 카메라를 들고 매일매일 아이의 일상을 촬영하기로 했다. 그런데 놀랍게도 은규가 지목한 가해 아이는 모둠이 달라서 함께 활동하는 시간이 전혀 없었다.

당황스러웠던 것은 카메라에 촬영된 은규의 이상행동이었다. 은규는 멍한 눈빛으로 앉아 무의식적으로 자신의 몸 이곳저곳을 만지다 못해 상처를 내고 있었다. 발가락도 만지작거렸고, 팬티도 만지고, 긁적이기도 했다. 아이의 여린 피부는 자신의 손톱에 의해 상처가 생겼다.

단 하루 만에 밝혀진 상황에 놀란 것은 교사들만이 아니었다. 유치원으로 오신 은규 어머니는 당황스러움을 감추지 못한 채 놀란 눈으로 내게 물었다.

"어머, 얘가 대체 왜 이러는 거죠? 선생님, 우리 은규가 왜 이래요?"

"어머니, 아이들이 이런 행동을 보이는 것은 불안한 마음이 있거나 심심해서예요. 혹시 집에서 학습지 같은 것을 너무 많이 시키지는 않으세요? 외람된 말씀이지만 제가 느끼기에 어머님께서 아이에 대해 너무 조바심을 내고 예민하신 것은 아닐까요?"

어머니는 화들짝 놀란 눈빛으로 울상이 되었다. 아이의 이상행동들은 부모가 원인이 되는 경우가 대부분이다.

"제가 그렇게 문제 있는 엄마예요?"

"어머니, 어머니는 어릴 때 과잉보호를 받으신 것 같습니다."

"그걸 어떻게 아셨어요?"

"두려움이 많으시잖아요. 은규 아버님이 일본에 잠깐 가 계시는 것도 지금 너무 힘들어 안절부절못하시잖아요. 어떻게 해야 하는지 모르겠고 하염없이 두렵고 그러신 거잖아요."

유감스럽게도 나의 예상은 틀리지 않았다. 은규 어머니의 어깨가 힘없이 무너지는 것처럼 보였다. 참으로 안쓰러운 일이었다. 아버지로부터 과잉보호를 받으며 자란 은규 어머니는 자존감도 자신감도 부족하다 보니 늘 초조하고 불안할 수밖에 없었다. 중고등학교를 거쳐 대학생이 되었을 때도 자신은 소심한 사람이었고, 지금도 세상이 두렵다고 느껴질 만큼 예민하다고 했다.

때마침, 아이의 아버지는 일본 주재원으로 부재중이었다. 남편의 부재 기간 동안 혼자 힘으로 아이를 돌봐야 하는 상황은 어머니를 더욱 깊은 스트레스 상황으로 몰아갔을 것이다. 나는 은규 양육에만 집중되는 어머니의 생활을 다른 쪽으로 분산해보라고 말씀드리고 은규 행동 하나하나에 지나친 관심과 원인 규명을 하지 말고 조금은 편안하고 무심해져보라고 부탁드렸다. 졸업할 무렵의 은규는 더 이상 불안한 행동을 보이지 않는 건강한 아이가 되어 있었다.

과잉보호를 받은 아이들의 특징

♥

과잉보호를 받고 자란 아이들에게는 치명적인 성향들이 나타난다. 그 첫 번째가 남에게 의존하는 모습이다. 부모나 주변 인물이 늘 대신 해주는 성장 과정을 보냈기에 스스로 성취하는 경험이 부족하여 도전 의식이 없어지고 열등감에 사로잡히게 된다. 이런 심리 상태로 성장하게 되면 사회성에 문제가 생길 수밖에 없다. 밖에서는 위축된 모습으로 친구들과 어울리지 못한다. 어른이 되어서도 내 잘못을 인정하기보다 남이나 주변을 탓하는 성격을 보인다.

두 번째 특징이 마음과 체력 모두 나약하다는 것이다. 체격이 아무리 커도 체력은 약하다. 어떠한 일이든 저항력이 없고 끌려가듯 임하는 나약한 아이가 된다. "싫어", "그만 할래"라는 말을 습관처럼 달고 살며, 힘든 상황을 돌파하는 것이 아니라 쉽게 포기하고 벗어나려고만 한다.

세 번째 특징은 이기적인 아이가 된다는 것이다. 특히, 요즘처럼 형제 없이 홀로 성장하는 외동아이들의 경우가 더욱 문제다. 모두가 위해 주기만 하기 때문에 배려나 양보할 기회가 전혀 없다 보니 이기적인 성격이 되고, 대가를 바라고, 보상이 없으면 자율적으로 움직이지 않는 아이가 되기 쉽다.

"넌 대체 몇 살인데 여태 양치도 제대로 못 해?"

이렇게 외치며 아이의 칫솔을 움켜쥐고 치약을 듬뿍 묻히고는 어느새 대신 양치질을 해주고 있는 어머니의 모습이 혹시 지금 당신의 모습이라면 한 번쯤 생각해볼 필요가 있다.

"싫어. 그냥 잘래. 졸려 죽겠단 말야. 안 씻고 그냥 잘 거야."

이렇게 고집을 부리는 아이를 데려다 얼굴에 비누칠을 해주고 있다면, 당신은 아이를 과잉보호하는 부모가 맞다.

"이리 줘봐. 넌 왜 이런 것도 제대로 못해? 아휴, 답답해."

만들기 숙제를 대신 해주고, 학습지의 답을 슬쩍 가르쳐주는 당신, 10여 년 후 아이의 대학 수업 수강 신청을 대신해주고 있을지도 모르겠다. 어쩌면 교수님께 제출해야 할 에세이를 읽어봐준다는 핑계로 수정 작업까지 해주고 있지는 않을까?

지혜로운 어머니들의 선택

♥

자녀를 진정으로 위한다면 부모들이 지혜로운 양육 태도를 보여야 한다. 과잉보호를 피해가는 부모들의 노력이 남다를 것 같지만, 사실은 우리가 익히 알고 있는 일반적인 양육법들이다. 다만, 지키지 못할 뿐이다.

• 지나치게 고집을 피우는 아이에게 단호한 태도를 보인다.

되는 것과 안 되는 것은 분명하게 선을 긋고, 단호하고 일관성 있는 태도를 보여준다. 예를 들어, 식사 시간에는 절대로 텔레비전을 켜지 않는다고 정했다면 부모 또한 이를 어겨서는 안 된다. 늘 강조하는 말이지만 아이의 교육에서 일관성은 규칙보다 더욱 중요하다.

또한 밥 먹을 때 식탁에 앉아 있지 못하고 책을 보는 아이에게 책을 덮도록 해놓고는 정작 자신은 신문을 펼쳐드는 아버지 또한 일관성이 없는 모습이다. 식탁은 가족이 모여 맛있게 밥을 먹고 즐겁게 대화하는 곳이다. 애한테 밥상 앞에서 책 읽으면 안 된다고 했으면서, 신문 펼쳐들고 "오늘 주식 폭락했어" 하며 한숨 쉬지 말자. 지금 당신의 주식보다 아이의 미래가 더 위태롭다.

• 엄마의 눈치를 보는 아이라면 선택권을 준다.

엄마가 아이의 욕구를 들어줄 수 있는 상황을 몇 가지 정해놓고, 그중에서 아이가 선택할 수 있도록 결정권을 주고 순순히 따라준다. "아이스크림 사줄게"라고 해놓고 서른한 가지나 되는 아이스크림을 파는 가게 안에서 "초콜릿 아이스크림은 안 돼! 너무 달잖아! 슈팅스타도 안 돼! 파랑색이라 색소 든 것 같아. 그냥 바닐라 먹어!" 하는 식으로 간섭하는 엄마는 곤란하다. 이런 엄마에게 영악한 아이라면 '엄마는외계인'을 먹고 싶다고 할지도 모른다. 차라리 아이에게 몇 종류를 정해주고 그 안에서 선택하게 하자.

"종류가 너무 많으니까 딸기, 초콜릿, 요구르트, 녹차, 아몬드 봉봉 중에서 한 개만 골라보자. 다른 아이스크림은 다음에 또 먹기로 약속할게."

똑똑한 엄마들은 알고 있다. 이러한 제한적 선택이 아이의 행동을 제한하는 것이 아니라, 선택하는 것을 두려워하는 아이에게 선택의 기회를 주기 위함이라는 것을……. 나는 강연 때 엄마들에게 이렇게 말하고 있다.

"어차피 아이스크림은 달아요. 뭐는 되고 뭐는 안 되고…… 왜 그러세요? 그게 어디 아이스크림을 사주는 거예요? 약 올리는 거죠. 얼마나 속상하겠어요? 아이에게 아이스크림을 사주겠다고 하셨으면 스스로 고르게 해주세요. 엄마 마음대로 골라서 억지로 먹이지 마시구요. 그건 아이스크림이 아니라 골탕이에요."

엄마들은 배를 쥐고 깔깔 웃으면서도 고개를 끄덕인다. 돌아보면 한 번쯤은 그런 행동을 했던 것을 스스로도 잘 알고 있다는 뜻이겠다.

부모들은 대개 "너는 왜 이것도 혼자 못 해?"라고 꾸짖지만, 못하기 때문에 아이인 것이다. 아이가 어른처럼 잘할 수는 없다. 이 땅의 수많은 부모가 "내가 너만 했을 때는 학교 가기 전에 소 꼴을

한 짐씩 해놓고 갔어"라거나, "나는 학교 다닐 때 공부 열심히 했고 우등생이었어"라고 아무리 말해봤자다. 아이의 눈에는 소 꼴이 꼴 같지 않고, 우등생 아버지의 지금 모습이 의아할 뿐이다.

아이는 모든 것이 서툴 수밖에 없다는 사실을 인정하고 이해해야 한다. 특히 완벽한 성격의 부모는 서툰 아이를 이해하기는커녕 '나는 그렇지 않은 데 아이는 왜?'라며 혼란스러워하는데, 이것이 큰 문제다. 이런 마음은 곧장 아이를 향한 미움이 되기까지 하니 얼마나 위험한 일인가!

마음의 여유를 찾고 서툰 아이가 성취감을 만끽하며 익숙해질 수 있도록 혼자 할 일을 정해주자. 집중력을 발휘할 수 있는 퍼즐 같은 것도 좋다. 그렇다고 어린 유아에게 1,000피스짜리 퍼즐을 사주는 것은 곤란하다. 언젠가는 모두 맞출 수도 있겠지만, 성취감을 이루기보다 지루함에 빠질 것이다. 아이가 좋아하는 그림이 그려진 것으로 함께 고르고 적정한 개수의 퍼즐을 구입한 후 혼자 힘으로 마치는 것을 말없이 지켜보자.

"아니, 거기 말고 저쪽에 놓아야지! 아휴 답답해. 그 조각은 거꾸로 들고 있잖아! 옆으로 돌려서 똑바로…… 아니, 이리 내봐. 내가 해줄게!"라고 절대 간섭하지는 말자. 당신의 완벽한 성격 탓에 아이가 하는 것을 묵묵히 지켜보기 힘들다면 차라리 옆에 앉아 책을 읽거나 마음을 가라앉히는 명상을 하자. 이윽고 아이가 퍼즐을 완성했을 때는 이렇게 외쳐주자.

"우와아! 이걸 혼자 해낸 거야? 정말 멋지구나. 아빠는 네가 이렇게 잘하는 줄 몰랐어. 정말정말 대단하구나. 혼자 힘으로 척척 해내다니! 완전 감동했어."

칭찬 역시 지나치면 과잉보호이고 독약이다. 간혹 엄마들이 칭찬인지 뭔지 정체가 불분명한 환호를 할 때가 있다.

"넌 최고야! 네가 하면 뭐든 잘될 거야."

"넌 이다음에 훌륭한 피아니스트가 될 게 분명해! 정말 천재야, 천재!"

"넌 아빠를 닮아서 너무 똑똑해. 대학도 서울대 갈 게 뻔해. 네 아빠도 그랬어."

"네가 하는 행동이 무조건 옳아! 넌 똑똑하고 착하니까 뭐든 잘하고 옳은 거야."

아이에게 용기와 힘을 심어주고 희망에 부풀게 하는 것은 좋은 일이다. 그러나 이러한 칭찬 아닌 칭찬은 아이를 이기적이고 독선적인 아이로 자라게 한다. 타인이 자신을 지적하는 것을 참지 못하고 받아들이지 못한다. 자신은 무조건 옳다고만 믿기 때문에 자만심만 더욱 키울 뿐이다. 칭찬이라는 물을 지나치게 준다면, 뿌리와 줄기가 튼튼해질 틈을 갖지 못해 열매를 맺지 못하고 썩어버릴 뿐이다.

앞서도 말했지만, 아이들에게는 부모의 직접적인 개입보다 혼자 이루어내는 성취감이 중요하다. 직접 도와주기보다는 잘할 수 있는 환경을 만들어주는 것이 이상적인 부모의 역할임을 절대 잊어서는 안 된다. 또한 힘겨워하는 아이를 옆에서 격려해주는 자세가 바람직하다.

5.
훈육의 원칙,
아이의 마음을 읽자

"그래서 어쩌라고? 나 때릴 거야?"

일곱 살 동훈이의 쩌렁쩌렁한 목소리가 내가 있는 원장실까지 울려 퍼졌다. 당황하고 있을 선생님의 표정도, 곁에서 그 모든 상황을 지켜보며 난감해할 다른 아이들의 표정도 내 머릿속에 떠올랐다.

"선생님, 무슨 일이 있나요? 지나가다 깜짝 놀라서 들어왔어요. 동훈이가 왜 이렇게 화가 났을까요?"

사실, 일부러 방문한 것이었지만 담당 선생님께 눈을 찡긋해 보이며 조심스레 동훈이에게 다가갔다.

"원장 선생님, 동훈이가 자꾸만 제 교구를 빼앗고요. 또, 다른 친구들이 쓰는 교구도 망가뜨렸구요. 하지 말라고 하면 꼬집고 때려요."

"아하, 그런 일이 있었군요."

한 아이가 응원군이라도 얻은 듯 나에게 동훈이의 행동을 조목조목 말해주었다.

"동훈이, 왜 화가 났어요? 원장 선생님께 이야기해주면 함께 해결할 수 있도록 노력할게요. 동훈이가 힘들고 속상했던 것을 이야기해줄 수 있나요?"

다른 아이들에게 방해가 되지 않도록 조용히 동훈이를 내 방으로 데려와서 물었다. 하지만 동훈이는 내 이야기를 진지하게 받아들이지 않는 표정이었다.

"내가 기분 나빠서 더 때려주고 싶었는데 꾹 참은 거예요!"

오히려 동훈이는 분을 참았다며 의기양양한 모습으로 외쳤다. 하지만 무엇 때문에 화가 났는지 정확한 이유는 밝히지 못했다.

"그랬군요. 동훈이가 화를 많이 참았군요. 친구가 괴롭혔어요? 동훈이가 싫어하는 것을 친구가 했나요?"

내가 조심스레 다시 한 번 동훈이의 마음을 읽어보기 위해 물었다. 그러자 동훈이의 입에서 무서운 말들이 튀어나왔다.

"아이씨! 그래서 어쩌라구! 원장이면 다야? 내가 그냥 기분 나빠서 그랬다는데 어쩔 건데? 엄마한테 이를 거야? 이를 거냐구!"

동훈이의 화난 목소리는 더 이상 나에게 분노로 들리지 않았다.

아이는 눈빛으로, 표정으로, 또 온몸으로 외치고 있었다. 도와주세요. 나는 지금 너무 슬프고 속상해요. 사랑이 그리워요. 안아주세요. 제게도 친구가 필요해요. 저는 지금 마음이 아파요.

말없이 동훈이를 당겨 품에 꼬옥 안았다. 이 작은 아이가 어쩌다 이렇게 상처를 입은 어린 새처럼 힘없이 떨며 온몸으로 세상을 향해 외치게 되었을까? 내 품 안에 갇힌 아이가 버둥거리며 벗어나려고 했지만 나는 그저 꼬옥 안고 있을 뿐이었다. 그렇게 한참 버둥대던 동훈이가 포기했는지 가만히 안겨 있을 때 비로소 포옹을 풀었다. 동훈이의 뺨과 이마를 가만가만 어루만지는데, 뭔가 뜨거운 것이 가슴속에서부터 울컥 쏟아져나올 것만 같았다.

"원장 선생님, 엄마한테…… 이를 거예요?"

"아니요. 이르지 않을 거예요."

"정말이요? 만약에 엄마가 알면 저는 맞아 죽을지도 몰라요."

힘없이 흔들리는 동훈이의 눈빛에 기어이 눈물이 왈칵 쏟아졌다. 다시 한 번 품에 안지 않을 수 없는, 무한한 서글픔과 안타까움이 심장을 움켜쥐는 것만 같았다. 아이가 견뎌냈을 아팠던 순간들이 내게 그대로 전해져와 한참을 그렇게 또 품에 안고 있었다. 안고 있는 내내 동훈이가 계속 물었다.

"이를 거예요? 원장님, 정말 이를 거예요? 안 이를 거죠? 원장 선생님, 약속하실 거죠? 약속 지킬 거죠?"

나는 그저 꼬옥 끌어안았다. 아이가 반복해서 물을 때마다 영원히 풀어주지 않을 것처럼 힘 있게 끌어안았다. 버둥거리던 동훈이도 언제부터인가 두 팔로 나를 감싸 안고 있었다.

감정을 담지 말고, 한 박자 쉬어가세요

어린 친구들에게 유치원의 선생님들과 내가 존댓말을 하는 이유가 있다. 아이들을 존경해서가 아니다. 다만, 인간이기에 당연히 갖게 되는 부정적인 감정의 찌꺼기들을 존댓말이라는 매개체를 통해 충분히 걸러낼 수 있기 때문이다.

"동훈이, 선생님 따라와!"

만약 동훈이를 밖으로 불러낼 때 이렇게 말한다면 어떨까? 분명 아이는 이 한마디에 위압감과 함께 두려움을 느낄 것이다.

"동훈이, 잠깐만 선생님과 대화할 수 있을까요? 선생님 방으로 함께 가요."

존댓말을 사용하면 느낌이 이렇게 달라진다. 아이는 상대방이 자신을 함부로 대한다는 느낌을 지울 수 있고, 오히려 정중하게 배려받고 있다는 생각에 편안하게 따라나설 수 있다.

아이들은 완벽하지 않다. 아니, 우리 어른들도 완벽한 인간은 아니다. 아이는 어른이 되어가는 성장 과정을 겪고 있고, 때문에 어른들의 기대와 달리 실수도 잘못도 할 수 있다. 어린 시절에 꾸중 한 번 듣지 않고 자란 사람이 과연 있을까? 실수 한 번 저지르지 않은 사람이 있었을까? 실수를 거쳐 아이는 성장하고 배우며 깨닫는다. 그렇게 어른이 되고 아이를 낳아 부모가 되는 것이다.

부모로서 자녀의 실수와 잘못을 보는 마음은 실망과 분노일 수도 있다. 하지만 그럴 때마다 화를 내고 지나친 꾸중과 폭력을 휘두른다면 아이에게 실수를 딛고 일어설 용기를 주는 것이 아니라 더욱 좌절하게 하는 역효과만 낼 뿐이다.

아이들에게 '엄마가 화났다'는 표시를 하는 것에도 요령이 필요하다. 감정을 있는 그대로 드러내는 것이 아니라, 정말 화가 나더라도 '그래도 너를 사랑한다'는 마음을 보여주어야 한다.

때로는 매보다 말 한마디가 더 날카로운 상처가 될 수 있다. 그러니 화를 내기 전에 잠시 심호흡을 하고 마음을 가다듬는 습관을 가져야 한다. 아이이니까 실수할 수 있음을, 잘못할 수 있음을 너그러이 이해해주고 꾸중하지 않고 타이르고 격려할 수 있도록 노력하자.

"너 때문에 정말 창피해 죽겠어."

"넌 대체 누굴 닮은 거야!"

"넌 심부름도 제대로 못해?"

"커서 뭐가 되려고 그러는 거야?"

"너 때문에 못살아!"

혹시라도 이렇게 서슬 퍼런 말로 아이의 가슴을 아프게 하는 부모는 아니었는지 돌아보아야 한다. 그리고 이런 말들 대신 다른 말을 찾지 못했다면, 가만히 안아주며 이렇게 말해주자.

"괜찮아. 엄마는 화나지 않았어. 앞으로는 더 잘할 수 있게 같이 노력하자. 엄마가 많이 사랑하는 것 알지?"

아이는 그릇을 깨뜨릴 수도 있고, 길을 걷다 넘어질 수도 있다. 때로는 호기심 때문에 엄마 곁을 벗어나 길을 잃을 수도 있다. 하지만 아이도 알고 있다. 그릇을 깨뜨렸을 때 그것이 잘못이라는 것을, 길을 걷다 넘어졌을 때 아프다는 것을……. 호기심 때문에 엄마 곁을 벗어났지만, 그래서 하마터면 엄마와 영영 이별했을 수도 있는 공포의 순간이었음을 뼈아프게 겪고 깨닫게 된다.

그릇을 깨뜨렸을 때 "이게 얼마짜린 줄 알아?"라고 말하는 엄마의 아이는 그릇만도 못한 자신의 존재감에 상처를 받게 된다. 길을 걷다 넘어졌을 때 "똑바로 걷지 못하고 왜 자꾸 넘어져?"라고 말하는 엄마의 아이는 자신이 어딘가 부족하다는 생각에 연약해지고 자신감도 없어진다.

"다치지 않았어? 정말 괜찮아?"

"너 없어진 줄 알고 엄마는 너무 무섭고 걱정됐어. 너도 엄마가 안 보여서 무서웠지?"

감정을 걸러내고 한 박자 쉬면 아이를 향한 말 한마디 한마디가 다정해진다. 원망과 분노가 서린 흉측한 말들이 아닌, 안타까운 엄마의 사랑이 절절하게 담긴 언어들이 흘러나오게 된다.

아이들은 똑똑하다. 우리 어른들보다 더 깊은 심미안이 있어, 어른들의 입을 통해 흘러나오는 단어들이 아닌 그 속에 숨은 감정과 애정을 있는 그대로 들여다볼 줄 안다. 순수한 영혼이기 때문이다.

왜 꾸중을 하는지 분명히 알려주세요

아이에게 훈육을 할 때 많은 부모가 결과만을 논하며 잘못했다고 말해주곤 한다. 왜 그랬느냐 큰 소리로 묻고는 있지만 사실은 "네가 잘못했잖아"라는 판결만을 전달하며, 그래서 엄마가 화났다는 것을 알릴 뿐이다.

그러나 무엇을 어떻게 잘못했고, 그것이 왜 잘못인지 아이에게 설명해주어야 한다. 또한 엄마의 생각은 그러한데 너의 생각은 어떠하냐고 잘못을 아이 스스로 깨닫게 해주는 대화도 필요하다.

이러한 과정 없이 아이를 무작정 꾸짖기만 한다면 반감을 살 수밖에 없다. 아이의 마음속에는 자신을 이해해주지 못하는 엄마에 대한 원망만 쌓일 것이다. 어른인 부모가 아이의 실수와 잘못을 이해하는 마음을 가져야 하며, 그럴 수밖에 없었던 아이의 상황을 먼저 들어주고 타이르는 것이 우선이다. 그럼에도 불구하고 같은 잘못이 반복된다면 어떤 행동을 했을 때 엄마가 바르지 않게 생각하는지 단호하고 절제된 마음으로 알려주는 것이 옳다.

훈육에도 일관성이 필요해요

같은 잘못을 놓고 부모님의 컨디션에 따라 혼날 때도 있고 그냥 넘어갈 때도 있다면 아이로서는 혼란스러울 수밖에 없다. 자녀교육의 모든 부분에서 일관성이 필요하지만 특히 훈육에서의 일관성은 아무리 강조해도 지나치지 않다.

"오늘은 엄마가 기분이 좋으니까 그냥 넘어가는 거야"라는 말은 하지 말자. 아이들은 자신의 행동이 잘못인 줄 알면서도 부모가 기분에 따라 꾸짖지 않는다는 것을 알게 되면 눈치를 살펴 요행을 바라게 된다.

엄마가 기분 좋을 때 평소 먹지 못하게 말렸던 아이스크림도 먹으려 들 것이고, 늦은 시간에 게임을 하면 안 되지만 엄마의 기분에 따라 허락을 받는 요령도 터득하게 된다. 먼 훗날 아이가 좀 더 성장하였을 때 아이의 생각에 따라 좌지우지되는 부모가 되고 싶지 않다면, 부모의 말을 가볍게 생각하는 아이로 키우고 싶지 않다면, 훈육에서의 일관성은 반드시 유지해야 한다. 일관성을 스스로 무너뜨린 부모는 사춘기 자녀에게 무시당할 확률이 높다. 부모로서의 권위를 세우는 첫 번째 원칙은 일관성을 지키는 것에 있다.

사랑의 매? 체벌이 필요할까요?

나는 폭력을 바람직하다고 여기지 않는다. 어떠한 경우에라도 어린아이를 사랑의 매라는 이름으로 체벌하는 것은 옳지 않다. 그럼에도 불구하고 만약 체벌을 해야만 하는 상황이 생길 수도 있다. 그렇다면 그것은 자녀를 훈육하는 단계에서 가장 마지막이 되어야 한다. 체벌은 그만큼 강력한 것이고, 강력하기 때문에 상처도 크게 남는다.

그런 이유로, 만일 체벌을 해야 한다면 아이의 잘못이 분명해야 한다. 사전에 충분히 타이르고 잘못을 인지시켜 반성과 사과를 받았지만 반복되었을 때, 비로소 조심스레 체벌을 생각해볼 수 있다. 그러나 신중해야 한다.

체벌은 어디까지나 극단적인 수단일 뿐, 최고의 수단은 될 수 없다. 체벌 이전에 아이를 이해하려는 마음이 우선이고, 체벌하는 부모는 마음속의 분노를 깨끗이 지워야 한다. 또한 아이의 잘못을 지적하기 전에 부모 자신의 잘못을 먼저 들여다볼 줄 알아야 한다. 아이들의 행동은 대체로 부모가 본보기가 된다. 부모가 먼저 잘못을 내보이지는 않았는데, 아이가 그 잘못을 보고 배우도록 무심하지는 않았는지 돌아볼 필요가 있다.

유태인의 율법서 『탈무드』에는 자녀가 잘못하여 체벌을 해야 한다면 구두끈으로 때리라 하였다. 체벌의 필요성은 인정하지만 아이의 몸에 상처가 남지 않도록 하라는 뜻이다. 또한 '오른손으로 벌하고 왼손으로 안아줘라'는 말로 '엄부자모(嚴父慈母)'를 표현하고 있다. 유태인은 아이를 훈육하는 역할을 아버지가 맡는다. 그리고 서운해할 아이의 마음을 다독이고 감싸 안아주는 것은 어머니의 역할이다.

체벌의 목적을 잊지 말자. 체벌은 아이의 잘못을 심판하고 그 벌로 받게 되는 육체적인 고통이 아니다. 잘못을 분명히 알게 하고, 행동을 교정하기 위한 최후의 수단일 뿐이다. 이 또한 아이에게는 시련일 수밖에 없다. 육체가 느끼는 고통만큼이나 마음으로 느끼게 될 상처도 간과해서는 안 된다. 체벌이 불가피했다면 품 안으로 거두어 따뜻하게 안아줄 수 있는 사랑도 베풀어야 한다. 꾸짖으며 체벌하는 부모도 얼마나 마음이 아프고 힘들었는지, 포용만으로도 아이는 깨달을 수 있다.

아이의 비밀,
이해하는 부모 되기

─공부하는 부모가 아이를 웃게 한다─

부모가 자녀를 이해하고 받아들이는 배려를 먼저 해줌으로써 아이는 부모의 사랑에 공명하고 타인과 소통하는 법도 배운다. 그리고 부모가 해주었던 것처럼 남을 배려하는 마음과 이해하고 아끼는 마음도 생겨난다.

아이와 관계를 맺는 첫 단추, 공감하기

누가 누군가를 잔인하게 폭행하고 상처를 주었다는 뉴스가 더이상 뉴스가 아닌 세상이 되었다. 있어서는 안 될 일이 세상을 놀라게 하고 사람들을 경악시켰을 때에야 눈이 휘둥그레질 뉴스이지만, 너무도 흔해져버린 이런 잔혹한 사건들에 우리의 심장도 점점 굳은살이 생기는 것 같다. 하물며 어린 초등학생 십여 명이 친구를 집단 폭행했다는 뉴스라니! 하도 충격적이라 혀를 내두를 지경이었지만, 요즘은 "또 그런 일이 있었어?"라며 한숨만 내쉬게 할 사건이 되었다.

오히려 아름다운 선행 같은 당연한 이웃 사랑이 뉴스가 되고 있다. '요즘에도 저런 사람이 있었어?' 하는 마음을 갖게 하니, 사람을 놀라게 하는 것으로야 치면 분명 뉴스거리이긴 하다. 그러나 사람과 더불어 살며 관계를 맺고 서로가 서로를 배려하면서 소통하고 공감하는 사회가 되어야 할 우리의 삶에 이렇듯 당연한 것이 뉴스가 되는 것은 몹시 서글프다.

나는 사람과 사람 사이의 '공감'을 아름다운 음악이나 소리가 울림이 되어 퍼져가는 '공명'과 다르지 않다고 생각한다. 나의 마음과 생각을 이해하고 함께 느껴주는 것. 그 잔잔한 울림은 서로의 마음과 마음이 닿아 공명하고 세상에 울려 퍼지는 것과 무엇이 다를까. 들리지 않는 마음의 소리가 닿아 진동하고 함께 느끼는 것이 곧 공감이자 공명이다. 친구가 가진 마음의 진동이 곧 내 마음의 진동으로 전달되는 것, 그리하여 함께 울려 퍼지는 것, 그것은 아름다운 마음의 공명, 곧 공감이다.

마음이 함께 진동하여 울려 퍼지려면 반드시 닿아야 한다. 닿는다는 것은 소통이다. 소통이 이루어짐으로써 우리는 서로와 서로의 관계를 잇게 되고, 그렇게 맺어진 관계는 반복되는 공감을 통해 더욱 돈독해진다. 나의 감정을 조절하여 상대를 배려하게 되고 서로를 이해하게 되며 함께 살아가는 세상을 만드는 기본 인성이기 때문이다.

부모라면 자녀가 타인과 관계 맺기를 잘하고 소통하며 살아가기를 바란다. 자녀에게 친구가 많기를 바라고, 자녀가 세상 사람들과 더불어 살아가기를 바라는 마음은 누구나 같다. 그리고 자녀가 그런 인성을 갖춘 사람이 되도록 교육을 게을리하지 않는다.

부모의 공감, 자녀와의 소통이 중요한 이유

등원 시간이 되면 유치원 현관 앞에서 땅바닥에 드러누워 발을 동동 구르며 울거나, 엄마 품에서 떨어지지 않으려는 아이들의 격렬한 통곡 시위가 일어난다. 대부분 신입 원아들이 입학한 학기 초에 자주 보이는 모습이다. 믿고 의지하는 부모의 곁에서 떨어져 낯선 환경에 적응해야 하는 어린 유아에게서 당연히 나타날 수 있는 불안정한 모습이기도 하다. 그래서 어느 정도의 시간이 흐르고 유치원에서의 생활이 익숙해지면 대부분 해결이 된다. 선생님과도 친해지고 친구들이 생겨 관계가 돈독해지면 유치원에 오는 것을 매우 즐거워하기 때문이다.

지금은 여고생이 된 은주라는 아이가 있다. 그리고 은주와 정반대의 행동을 보였던 준영이가 있다. 은주는 내가 부원장 시절에 만난 아이였고, 준영이는 유치원을 운영하며 원장으로서 만난 아이이다.

은주는 입학한 후 몇 달이 지나도록 유치원에 올 때마다 울음을 터뜨렸다. 거의 매일, 울지 않는 날이 없을 만큼 울고 또 울었다. 아이가 너무 울어 통학버스를 태울 수 없는 날에는 어머니나 아버지가 직접 데리고 오기도 했다. 그런 날이면 아이의 울음은 더욱 길어져 부모님도 나도 걱정이 깊어졌다.

보통의 아이라면 부모가 떠나고 선생님과 친구들을 만나면서 울음을 그치는 경우가 많다. 자신의 마음을 읽어주는 선생님들이 있고, 함께 놀아주는 친구들이 있기 때문이다. 그런데 은주에게는 친구도 나도 큰 도움이 되지 못했다. 다만, 매일매일 우는 아이와 대화를 시도하면서 마음을 읽으려 애쓴 덕분에 조금씩 울음이 짧아지고 있었다.

그러던 어느 날이었다. 그날따라 은주의 울음소리가 더욱 크고 길게 울려퍼졌다. 비명소리에 가까운 은주의 울음에 놀라 뛰어나갔다. 은주는 바닥에 드러누워 구르며 버둥버둥 뒹굴뒹굴…… 온몸이 흙투성이가 되는데도 아랑곳하지 않고 울고 있었고 곁에 서 있는 아버지는 너무 당황한 나머지 어쩔 줄 몰라 했다.

"아버님, 걱정 마시고 출근하세요. 제가 알아서 하겠습니다."

우는 아이를 어쩌지 못해 쩔쩔매고 있는 아버님을 보내드렸다. 은주는 눈물과 흙으로 엉망이 되었지만 계속 울고 있었다.

"엄마, 엄마한테 갈 거야! 엄마아!"

"은주야, 엄마한테 가고 싶어요?"

"갈 거야. 엄마한테 갈 거야아!"

"그렇구나. 우리 은주가 엄마한테 가고 싶은 거구나."

이미 아이들의 수업이 시작되었지만 은주의 울음은 멈추지 않고 있었다. 나는 조용히 은주의 곁에 웅크려 앉아 이름을 불러주며 말을 걸었다.

"그럼 엄마한테 전화할까요? 은주가 엄마한테 가고 싶어 하니까 엄마한테 알려야지요."

엄마에게 알려주자는 말을 하자, 은주가 고개를 들어 나를 바라보았다. 바닥에 뒹굴어 온통 까치집처럼 부스스해진 모습이 너무 귀여워서 웃음이 나왔지만 조용히 미소만 지었다.

"은주야. 은주가 엄마 보고 싶다고 하니까 우리 연락하기로 해요. 그런데 어떻게 알려드려야 할지 선생님이 잘 모르겠어요. 함께 내 방에 가서 해결해볼까요?"

함께 해결해보자는 말에 은주가 울음을 멈추고 일어섰다. 흙먼지를 한참 털어야만 했다. 엉덩이를 톡톡 두드리자 뽀얗게 먼지가 일어났다. 흙먼지를 턴 은주는 안으로 들어오기 위해 신발을 벗고는 신발장에 가지런히 넣었다.

"어머, 정말 잘했어요. 은주는 신발도 예쁘게 정리하네요. 그럼 이제 내 방으로 가볼까요?"

조금 기분이 나아진 은주가 살짝 미소 짓는 것 같았다. 부원장실로 들어온 은주는 가만히 책상 옆 의자에 앉았다.

"그런데 어떻게 알려드려야 할까요? 은주는 엄마에게 어떻게 연락하고 싶어요? 전화로 할까요?"

내가 웃으며 묻자 은주가 고개를 끄덕였다.

"그래요. 그럼 은주 엄마 전화번호를 찾아서 곧 연락드릴게요. 잠깐만 기다려주세요?"

나는 아이들의 가정 연락처가 담긴 원서 묶음을 가져와 한 장씩 넘기며 은주 어머니 정보를 찾았다.

"은주 엄마 연락처가 어디 있더라? 은주가 좀 도와줄래요? 찾아줄 수 있어요?"

이미 기분이 나아진 은주는 흔쾌히 고개를 끄덕였고 내 대신 서류 묶음에서 자신의 파일을 찾아주었다. 조그마한 손으로 한 장씩 입학원서를 넘기며 자신의 사진이 붙은 파일을 찾아내고는 "선생님, 여기 있어요. 이거 우리 엄마 전화번호예요" 하며 알려주기까지 했다.

"오, 그렇구나! 우리 은주가 잘 찾아주었네요. 정말 고마워요."
"네."

은주는 내 칭찬에 기분이 매우 좋아진 듯했다. 눈물은 더 이상 없었고 얌전히 곁에 앉아 엄마에게 전화 걸어주기만을 기다렸다.

"그런데 오늘 은주는 왜 이렇게 기분이 안 좋았어요? 왜 이렇게 엄마를 만나야 되겠어요?"

아이의 기분이 많이 풀어졌을 때가 바로 대화를 시도할 찬스다. 기회를 놓치지 않고 은주에게 웃으며 물어보았다.

"그건요. 오늘 아침에 엄마가 무섭게 화를 냈어요."
"그렇구나. 그래서 우리 은주가 화가 난 거지. 맞아요. 선생님도 그럴 때 화가 나요. 그리고 화가 나면 엄마한테 꼭 알려드리는 거예요. 그런데 엄마는 왜 화를 냈을까요? 우리 은주 속상하게?”

손끝을 만지작거리며 나를 빤히 바라보는 은주는 엄마에게 얼른 연락이 가기만을 계속해서 기다렸다. 은주가 화가 났고 엄마에게 섭섭해하고 있다는 것을 분명 알려야 한다. 아이가 원하고 있었고 자신의 상태를 알리고 싶다는 마음은 소통을 바라는 작은 기대였다.

“네. 어머님! 어머니 지금 출근하셨어요? 네, 걱정이 많으셨지요? 지금 은주가 함께 있어요. …… 아니요. 은주는 아주 의젓하게 언니처럼 제 곁에서 어머니와의 연락을 기다리고 있어요.”

어머니는 대강의 상황을 한눈에 알아차렸다. 내 하이톤의 목소리와 평소보다 더 적극적이고 친절한 말투는 은주의 마음을 달래기 위한 행동임을 알리기 충분했다.

“어머니, 오늘 아침에 은주가 굉장히 속상했던 것 알고 계셨어요? 아! 알고 계셨다구요? 네. 어머니께서 오늘 야단치셔서 은주가 많이 속상해요. 그래서 꼭 알려드려야 한다고 해요. 어머니가 빨리 오셨으면 좋겠대요. 은주랑 통화 한번 해주세요.”

은주에게 전화기를 대주었다. 아침에 보았던, 흙바닥을 엉망진창으로 뒹굴던 폭풍 눈물의 은주는 옷에 묻은 흙먼지가 아니라면 상상할 수 없게 되었다. 아이는 엄마 앞에서 더없이 귀엽고 앙증맞은 표정으로 미소 짓는 중이었다.

엄마와 통화를 끝낸 은주가 내게 전화기를 건넸다. 나는 이때를 놓치지 않고 아이에게 다시 물었다.

"그런데 엄마가 아침에 왜 은주에게 꾸중하셨지요?"

"오늘 내가 텔레비전 보고 놀면서 젓가락을 빨리 안 챙겼어요. 그래서 엄마가 화났어요."

그때 원장 선생님께서 곁을 지나가다 발걸음을 멈추고는 은주와 나를 바라보셨다. 나는 원장 선생님께 눈을 찡긋하며 은주의 이야기를 전했다.

"원장 선생님, 오늘 아침에 은주가 엄마께 꾸중 들은 게 속상해서 울었대요. 그런데 아침에 은주가 젓가락을 늦게 챙기고 텔레비전 보고 그래서 꾸중 들었다는데요. 은주 엄마도 많이 속상하셨겠죠?"

"아휴, 그럼요. 바쁜 시간에 엄마 돕지 않고 천천히 텔레비전 보고 그러면 유치원 갈 준비를 하기 어렵기 때문에 엄마가 많이 바빠지세요. 아마 엄마가 오늘 아침 힘드셨을 것 같아요."

원장 선생님과 나의 대화를 듣고 있던 은주가 쌩긋 웃었다. 은주는 이미 자신이 무엇을 잘못했는지 알고 있었다.

"그럼 은주야, 내일은 어떻게 할 거예요?"

"내일은 제가 빨리 서둘러서 엄마 도울 거예요."

은주는 이제 그만 친구들과 선생님이 기다리고 있는 교실로 돌아가겠다고 했다. 나는 그러자고 했다. 그러자 은주는 나에게 또 이런 말을 했다.

"선생님, 나 손 씻어야 해요. 아주 깨끗이 씻어야 해요. 왜냐하면 제가 아까 너무 많이 뒹굴었어요."

어려서 아무것도 모를 거라고 생각하는 우리의 아이들, 사실은 우리 어른들보다 더 많은 것을 알고 깨우치고 있는지도 모른다. 은주의 말 한마디 한마디, 표정 하나와 몸짓 하나에 봄 햇살을 온몸으로 받고 있는 것처럼 따스하고 행복해졌다. 아이들과의 소통은 행복 그 자체다.

은주와 비교한다면 준영이는 어른들에게 아무런 불편도 주지 않는 아이였다. 유치원의 원장으로 부임한 지 두 번째 해에 만난 준영이에 대해, 준영이 어머니는 이런 말씀을 하셨다.

"우리 준영이는 정말 순해요. 얌전하고 착해서 한 번도 말썽을 일으킨 적이 없고 부모를 힘들게 한 적도 없지요."

조금 염려스러운 부분이 없지 않았지만 아이의 첫인상만으로 모든 것을 파악할 수는 없는 노릇이다. 입학식에 모인 다른 학부모들은 준영이의 어른스러운 모습에 무척 고무되었고, 부러운 듯 칭찬에 입을 모았다.

"준영이는 키우기 정말 쉬운 아이네요."

"어쩜 저렇게 얌전할 수 있을까."

"너무너무 순하네요. 잘 울지도 않는대요."

"우리 옆집에 살아요. 준영이 우는 소리는 한 번도 들어본 적이 없어요.”

하지만 신입생 입학식 날 준영이에게 향했던 기대에 찬 목소리들과는 달리, 입학 후 일주일쯤 지났을 때 믿지 못할 사건들이 하나둘씩 터지기 시작했다. 누군가의 울음소리가 들리거나 다투는 소리가 들리면 늘 준영이 반이었고, 그 사건의 중심엔 준영이가 있었다.

“내가 비키라고 했잖아!”

계단을 오르다가 앞서가는 친구를 떠밀어 넘어뜨리기도 했다. 운동장에 나가 야외놀이 활동을 할 때에도 다른 친구에게 함부로 대하는 것은 마찬가지였다. 양보는커녕 차례를 지키는 것조차 불가능한 준영이는 폭군이었고 자신의 폭정이 이루어지는 왕국에서는 선생님도 친구도 존재하지 않았다. 오직 자신뿐이었다. 그리고 마음대로 되지 않으면 주먹을 휘두르는 것을 망설이지 않았다.

원내에서 자꾸만 사고가 생기니 학부모들의 항의가 늘어갔다. 사정을 이해해주셨지만 사태가 반복되니 더 이상 참기 힘들다는 부모들도 생겨났다.

“준영이 때문에 유치원 보내기가 무서워요.”

“우리 애도 이번에 팔뚝을 꼬집혀서 멍들어 왔잖아요. 얌전한 아이인 줄 알았더니 정말 다르네요.”

“그 녀석 대체 뭐가 되려고 그러는지……. 우리 애도 준영이한테 맞고 와서 속상하다고 울었어요. 애 기죽을까 봐 걱정이에요.”

충분히 이해할 수 있는 일이었다. 자녀가 유치원에 가서 다른 아이에게 맞고 울며 돌아온다면 속상하지 않을 부모가 어디 있을까. 준영이 문제로 결국 부모님과 상담을 하게 되었다. 수차례의 상담 끝에 준영이가 가진 상처와 아픔을 이해할 수 있었다.

준영이는 부모님과 소통이 전혀 되지 않은 탓에 스스로 자신의 감정을 억제하고 짓누르며 독립적으로 살아온 아이였다. 그리고 가정을 벗어나 유치원이라는 사회의 구성원이 되자 감춰두었던 것들이 터져나왔다. 소통의 부재가 가져온 후유증은 실로 엄청났다. 자신의 감정을 부모와 소통하며 공감받지 못한 아이는 타인의 감정을 공감하는 것을 배우지 못한다. 때문에 늘 자신이 우선이고 독선적이 되며 마음에 들지 않으면 폭력을 휘두르는 것에 아무런 거리낌이 없다.

"애들 아빠가…… 사내는 강하게 키워야 한다면서 굉장히 엄하게 했어요. 우는 것도 싫어했고 달랠 줄도 모르고요."

간혹 그런 부모들이 있다. 험한 세상에 자녀를 강하게 키워야 한다면서 한창 보듬어줘야 할 어린아이를 비탈길에서 굴리듯 시련으로 내모는 부모들이다. 준영이의 어머니는 아버지가 무섭다고 했다. 어머니 또한 결혼 후 평생을 남편에게 순종하며 살아온 분이었다.

"울지 마. 너 울면, 아버지가 화내실 거야."

"떼쓰지 마. 아버지 알면 어쩌려고 그래?"

"사탕이나 초콜릿은 안 돼. 아버지한테 혼나는 거 알지? 아버지 정말 무섭잖아."

아이가 자신의 감정을 드러내며 소통을 원할 때 어머니는 아버지를 이유로 들어 그것을 막았다. 아버지의 '아'자만 들어도 굳어지던 준영이는 결국 부모가 바라는 대로 떼쓰지 않고 '말 잘 듣는 아이(?)'가 되었다. 그러나 사실은 말 잘 듣는 아이가 아니라 '표현하지 못하고 혼자 삭이는 아이'가 되었을 뿐이다.

은주도 준영이도, 부모님이 먼저 달라져야만 했다. 아이들이 보이는 행동은 가정 내에서 어떤 일들이 일어나고 있는지 그대로 보여주는 CCTV와도 같다. 적어도 나에게는 한눈에 알아볼 수 있을 만큼 인과가 분명하게 보인다.

소통은 어느 한쪽의 노력만으로 당장 이루어질 수 없다. 애초 한쪽에서 마음의 문을 노크했을 때 상대방이 받아주고 문을 열어주어야 한다. 은주의 경우처럼 계속해서 부모의 마음을 노크하고 있는데도 들어주지 않는 경우도 있다. 또한 준영이처럼 아예 노크마저 할 수 없도록 억압하여 아이 스스로 소통을 포기하게 하는 경우도 있다.

성장(成長)이란 점점 자라는 것이다. 그렇기에 어린 유아들과의 소통은 더욱 조심스러워야 한다. 사람의 성장은 육체적인 성장만이 아니라 마음의 성장까지 의미한다. 특히 유아의 경우 마음의

성장을 거쳐 세상을 살아가는 데 필요한 것들도 함께 자라나게 된
다. 나는 그것을 '마음교육'이라 부른다.

음식을 먹고 영양분을 섭취하여 신체적 성장을 이루듯 마음의
성장을 이루려면 마음에 영양분이 필요하다. 그것이 부모의 사랑
이고, 사랑이 바탕이 된 공감과 소통이다. 부모가 자녀를 이해하고
받아들이는 배려를 먼저 해줌으로써 아이는 부모의 사랑에 공명하
고 타인과 소통하는 법도 배운다. 그리고 부모가 해주었던 것처럼
남을 배려하는 마음과 이해하고 아끼는 마음도 생겨난다. 부모가
아이와 공감함으로써 맺게 되는 이 관계의 시작이, 아이가 사회를
살아가는 기본적인 바탕 인성을 스스로 깨우치게 되는 것이다.

은주의 부모님은 자녀와 소통하는 법을 알게 되었고 은주 또한
더 이상 유치원에서 울지 않는 밝은 아이가 되었다. 유치원 수업이
끝난 후 집에 돌아가면 그날 있었던 일과를 엄마에게 들려주었고,
어머니 또한 마주 앉아 눈을 바라보며 은주의 이야기를 끝까지 들
어주었다. 은주가 친구들과도 잘 어울리는 모습은 우리 모두를 즐
겁게 했다.

준영이의 부모님은 오랜 상담을 통해 함께 노력을 하기로 했지
만 그다지 적극적이지 않아 나를 슬프게 했다. 그래도 어머니가 많
이 도와주어 준영이도 조금 나아질 수 있었다. 하지만 유치원을 졸
업하고 초등학교에 들어간 준영이가 친구들 사이에서 공포의 대상
이 되었다는 소식은 지금까지도 나의 마음을 아프게 한다. 오랜 시

간 준영이를 돕기 위해 노력했지만 가정 내에서 부모의 노력이 동반되지 않으면 좋은 결과를 이끌어내기 어렵다. 준영이가 친구들에게 폭력적인 성향을 보인다는 것을 염려하며 준영이 부모님께 말씀드렸을 때가 떠오른다.

"나가서 맞고 들어오는 것보다 두들겨 패고 오는 것이 낫지요."

아버지의 반응에 어머니는 매우 실망스러워했다. 그래도 어머니가 준영이의 마음을 많이 헤아려주겠노라 다짐했기에 마음을 놓을 수 있었다. 이제는 소식이 끊긴 준영이……. 어머니의 노력이 계속되고 있다면 반드시 마음의 상처를 치유하고 멋진 중학생이 되어 있을 것이다.

자녀와의 대화법 '구나의 법칙'

자녀가 어떤 이야기를 들려주면 부모님께서 듣고 공감의 대답을 해주세요.

"그렇구나. 그래서 네가 화가 났구나."

"그랬구나. 오늘 정말 행복한 하루를 보냈구나."

"친구 때문에 화가 많이 났었구나. 정말 속상했겠네. 그렇지만 친구를 때리는 것은 옳지 않단다."

아이의 행동 습관,
한눈에 이해하기

아이들은 매우 솔직하고 단순하며 신비로울 만큼 있는 그대로를 보여준다. 가식적이지 않고 스스로 처한 상황과 받은 영향만큼 그대로 행동으로 드러내는 것이다. 다만, 아이들의 그런 행동을 읽고 이해해줄 수 있는 부모의 노력이 필요할 뿐이다.

많은 부모가 때때로 '대체 내 아이는 왜 이런 행동을 하지?'라는 의문을 갖는다. 아이들이 생각지 못한 행동들을 보이곤 하는 이유는 때로는 부모의 사랑이 부족해서일 수도 있고, 때로는 그 사랑이 지나쳐 아이에게 부담이 되어서일 수도 있다. 그래서 아이들의 마음을 읽는 것만큼, 행동을 읽고 빠르게 알아차리는 것 또한 필요하다. 아이와 많은 대화를 나눔으로써 이러한 문제들이 대부분 해

소될 수 있다. 하지만 대화가 이루어지지 않는 가정이거나 문제가
되는 아이의 행동이 부모나 가정에 원인이 있다면 알아차리지 못
하는 경우도 많다.

마음을 읽고 공감해주는 것은 부모가 아이에게 '내가 너를 사
랑하고 있다'는 것을 알게 하는 표현이다. 어떠한 훈육의 과정에서
도 아이의 마음을 읽는 것이 우선되어야 하며, 원인을 주제로 대화
하는 것이 선행되고 나서 잘못된 행동을 꾸짖는 것이 바람직하다.

이를 위해 일단 아이들의 행동 패턴이 무엇을 의미하는지 조금
은 알아둘 필요가 있다. 외로움을 타는 것인지, 불만이 있는 것인
지, 고민이 있는 것인지 미리 짐작할 수 있다면 구체적인 이유를
대화로 풀어내기가 훨씬 수월해진다.

사례 1 : 눈을 자주 깜빡거리는 아이, 코를 킁킁거리는 아이, 어깨를 자주 움찔거리는 틱(Tic) 현상을 보이는 아이, 코를 후비는 행동이 지나친 아이, 뭔가 끊임없이 말을 하는 아이

♥

원인

질병이 없다는 전제하에, 자신의 존재를 인정받지 못한 경우나
부모로부터 관심을 받지 못한 아이들이 보이는 습관이다. 아이가
하는 말을 부모가 경청해주지 않을 경우 아이 또한 상대방의 이야

기를 들어주는 배려를 배우지 못한다. 또한 자존감이 낮아 심리적인 불안 상태, 즉 정서 불안을 겪게 된다. 아울러 완벽주의 부모, 잔소리가 많은 부모, 지적이 심한 부모, 자신이 만든 틀에 아이를 가두려는 부모의 경우에도 같은 행동 패턴을 보인다.

아이를 물건처럼 완제품으로 만들려는 부모의 욕심은 아이에게 과도한 스트레스가 될 수밖에 없다. 특히, 부모와 아이의 성격이 같을 수 없다. 내향적인 성격의 부모는 외향적인 자녀를 이해하는 데 힘들어한다. 반대로 내향적인 성격의 자녀를 외향적인 부모가 받아들이고 공감하기란 어렵게 마련이다.

해결 방법

부모가 아이의 이야기에 귀를 기울이며 격려해주어야 한다. 갓 태어난 아이라도 하나의 인격체로 받아들이자. 부모와 자녀가 같을 수 없는 각기 다른 존재이며, 그 차이는 '잘못된 것'이 아니라 '다름'이라는 것을 인정해야 한다. 또한 부모의 방식대로 아이를 만들 수 있다고 생각하는 것은 바람직하지 않다. 만일 아이에게 문제가 생겼다면 부모 스스로를 돌아보고, 원인을 찾을 수 없다면 상담을 받아보자. 아이가 보이는 대부분의 문제적 행동은 부모나 가정 환경에서 비롯되는 경우가 많다. 아이를 바꾸려고 하지 말고 나와 환경을 돌아보고 점검하자.

원인

부모의 대인관계가 소극적이거나, 사람들과의 어울림을 많이 경험하지 못한 환경일 수 있다. 또한 부모가 말이 없는 경우 아이가 말을 배우지 못해서 늦어진다. 이럴 경우 부모가 말이 없는 사람이므로 자녀가 말이 늦다는 것을 알아차리지 못한다.

거꾸로 성장기의 자녀에게 말을 배우는 것처럼 아이의 말을 따라하는 부모가 있다. 아이가 딸기를 보고 "딸기요"라고 말했을 때 "아, 딸기예요?"라고 응대하는 부모들이 그렇다. 지혜로운 부모라면 "아하, 우리 OO이가 빨갛고 예쁜 딸기가 먹고 싶어요? 이렇게 예쁘고 싱싱한 딸기를 OO이는 몇 개 먹을 수 있어요?"라는 식으로 대화를 이어나간다.

아이의 말을 앵무새처럼 따라 하며 긴 문장의 응대를 하지 못하는 부모에게서 자란 아이는 심리적으로 위축되고 주변의 반응에 더디며 말도 늦고 어눌하게 된다. 자신감이 없는 것은 물론이다.

해결 방법

책을 많이, 자주 읽어주는 것이 좋다. 또한 아이가 하는 말을 단순히 따라 하기만 할 것이 아니라, 긴 문장으로 응대해준다. 만약 그런 대화가 불가능한 부모라면 자녀의 사고력과 어휘력을 키워줄

수 있도록 자신의 독서량을 늘려서라도 스스로 변화하려는 노력이
필요하다.

또한 갓난아이라도 보행기에 방치하지 말고 늘 부모의 시선 가
까이에 두고 끊임없이 말을 걸어주는 것이 좋다. 아이는 심리적으
로 안정될 것이며, 부모가 들려주는 어휘력에 집중함으로써 저절
로 성장하게 된다.

사례 3 : 교실에서 혼자 따로 노는 아이, 친구들과 어울리지 못하는 아이

원인

만 3~4세는 자기중심적이라 혼자 노는 것이 문제가 되지 않으
나 만 5~7세의 경우라면 문제가 된다. 또래의 친구들과 놀아본 경
험이 적거나, 어른 중심의 생활 패턴에서 양육된 아이의 모습일 수
있다. 아이의 성장 환경이 이러했다면 타인과 스스럼없이 어울릴
수 있는 용기가 부족하게 된다. 특히 엄마와 단둘이 지내는 경우가
많은 요즘의 아이들에게서 이런 성향을 자주 보는데, 문제 발생 시
도움을 요청하는 방법 등 관계 맺는 방법을 모르기 때문에 곤란을
겪기도 한다.

아이가 또래의 친구를 만들 기회를 주는 것이 사회성이 부족한 아이에게 가장 효과적이다. 친구를 초대하여 함께 장난감을 갖고 놀거나, 맛있는 간식을 나누어 먹게 하는 것도 좋다. 부모가 지켜보는 가운데 놀이터 등에서 아이들이 함께 어울리게 한다.

이처럼, 한동안 또래 친구들이 놀이하는 모습이나 이야기 나누는 모습 등의 일상생활을 관찰하게 하고, 단계별로 놀이에 참여하도록 도와준다. 부모, 교사가 함께 놀아주기, 관심 갖기, 질문하기 등 아이의 생각에 귀를 기울이고, 하고자 하는 욕구를 표현하도록 이끌어준다.

사례 4 : 오줌을 지리거나 가리지 못하는 아이

예민한 엄마로부터 과잉보호를 받은 아이들의 모습이다. 아이가 배변 욕구를 느껴 의사 표현을 할 때가 아니라, 엄마가 생리 현상의 주기를 예측하여 정해주고 지정해주었던 아이들이 자신의 생리 현상을 스스로 해결하지 못하는 경향을 보인다. 즉, '지금쯤 화장실에 가서 볼일을 봐야 한다'는 엄마의 추측성 지도에 맞춰 배변을 하던 아이는 엄마가 없는 상황에서 스스로 배변을 해결하지 못

하는 행동을 보이게 된다.

또한 정신적인 독립이 안 된 아이들도 같은 증상을 보인다. "나 화장실 갔다 올게요!"라는 말을 하지 못하고 자신으로부터 관심이 멀어지는 것을 두려워한 나머지 시간을 끌다 옷에 실례하게 되는 것이다. 몸을 비틀며 배변 욕구를 참는 행동을 하다가 옷에 실례하게 되는데 주변의 어른이 알아차리고 화장실에 가자고 해도 가지 않겠다고 고집을 피우기도 한다.

해결 방법

과잉보호는 아이의 삶에 절대적으로 악영향을 끼친다. 아이에게 관심이 집중된 엄마가 자녀로부터 독립해야 할 필요성이 있다.

자녀에 대한 관심을 줄이고 자기계발 활동을 하는 것으로 스스로를 성숙시킨다. 관심이 덜해진 아이는 부담을 덜 느끼게 되고 스스로 독립할 수 있다. 엄마도 자기 꿈을 찾는 일을 실현하는 것으로 성취감을 느낄 수 있다.

실제로 아이들이나 아빠와의 상담을 통해, 과잉보호 성향을 보이는 엄마가 외출한 후 금지 식품이었던 라면을 끓여 먹은 것이 너무도 맛있고 행복했다는 웃지 못할 이야기들을 심심치 않게 들을 수 있다.

건강에 해롭다고 해서 달콤한 과자와 맛있는 라면을 영원히 먹지 못하게 막을 수는 없다. 칼로리가 높아 비만의 원인이 될 수 있다는 이유로 피자, 햄버거, 라면 등을 먹어보지 못한 아이라면 친구들 사이에서 소외당할 수도 있지 않을까? 정말 필요한 것은 아이 스스로 주식인 밥과 간식인 빵, 과자류를 구분하고 조절할 줄 아는 능력이다. 물에 빠질 것이 두려워 물가에 가는 것을 막는다면 아이는 바다의 아름다움을 누리지 못한다. 물에 빠져도 살아남도록 수영을 가르치는 엄마가 지혜롭고 현명하다.

원인

실제로 유치원 혹은 학교가 싫은 것이 아니다. 가족(부모 및 형제) 간의 관계를 돌아볼 필요가 있다. 대개 이런 행동을 보이는 아이들과 대화를 나누어보면, 하고자 하는 일을 못하게 했거나 어떤 욕구불만이 있을 경우의 반항심이 원인일 때가 많다.

부모에게 꾸지람을 받았을 경우 아이가 할 수 있는 유일한 시위 행동이므로 이해할 수 있다. 즉, 엄마가 화났을 경우 "너 유치원 가지마. 너 밥 먹지마" 등의 말들을 홧김에 했다면, 아이 또한 "유치원 안 가! 밥 먹기 싫어!"라며 엄마가 권하는 것을 반사적으로 하지 않으려고 드는 것이다.

해결 방법

아이가 유치원(학교)에 가지 않겠다고 떼를 쓴다면, 이러한 행동을 보이기까지 있었던 일들을 돌아보고 대화를 나누어 마음을 열게 하는 것이 가장 바람직한 엄마의 자세다. 그러나 만일의 경우 가정 내에서 아무런 문제가 없었다면 학교에서 아이가 거부감을 느낄 만한 일은 없었는지 점검할 필요가 있다.

아이와 대화를 하자. 아이의 마음을 들여다보고 진심 어린 공감을 해주면 된다. 아이와 대화를 마쳤다면 유치원(학교)에 엄마와 함께 갈 수 있도록 이끌어준다. 그런데도 가지 않겠다고 고집한다면 집에서 하루 정도 쉬게 한다. 단, 재미없고 심심하게 시간을 보내게 한다. 집에서 쉬는 하루를 유치원(학교)보다 재미있게 지낸다면 아이는 또 다시 거부할 수도 있다.

또 다른 경우 학교까지 가는 길에 아이가 유혹을 당할 만한 환경이 있을 수도 있다. 학교에 가야 한다는 사실을 잊은 채 문구점 앞 오락기에 빠져들기도 한다. 이럴 때 가장 현명한 엄마의 행동은 아이의 손을 잡고 학교까지 직접 동행해주는 것이다.

사례 6 : 지나치게 손가락을 빠는 아이

♥

원인

아이가 구강기(출생 시부터 약 한 살 반까지의 시기. 입, 입술, 혀, 잇몸 같은 구강 주위의 자극으로부터 아동이 쾌감을 느낀다)의 습관이 지속되는 경우다. 유의할 것은 이러한 행동을 보이는 자녀를 애정 결핍이라고 단정 짓지 말아야 한다는 것이다. 아이의 습관을 다르게 보는 부모의 시각이 필요하다. 손가락을 빠는 행동을 애정 결핍이라고 여겨 심각하게 생각한다면 오히려 화근이 될 수 있다.

부모로서 충분한 사랑을 주었는데 아이가 이상행동을 보인다면 큰 걱정에 휩싸인 부모들은 당장 심리치료라도 받으려고 나서게 된다. 그러나 아이의 이런 행동은 애정 결핍이 아닌 무료한 상황에서 생겨난 습관일 수도 있다. 별일 아닌 것을 심각하게 받아들이면 아이가 정말 심각해진다. 병원으로 이끌기 전에 부모가 가정 내에서 할 수 있는 방법을 찾는 것이 옳다.

아이가 재미있어 할 다른 놀이를 제공하자. 아이의 입에서 손가락을 강제로 빼앗기보다, 손을 입에 넣지 않고 장난감이나 색연필을 쥐고 엄마와 함께 즐거운 놀이를 할 수 있도록 한다면 자연히 그런 습관은 사라진다. 아이가 무엇을 좋아하고 흥미를 갖는지 찾아주고 부모가 함께해주는 것이 필요하다.

사례 7 : 거짓말을 잘하는 아이

유아기 아이들이 하는 거짓말은 거짓말이 아니다. 그저 상상력의 산물이다. 거짓말을 한다고 단정 지어 심각하게 받아들이고 "거짓말하는 사람은 나쁜 사람"이라며 제재해봤자 아이들은 받아들이지 못한다. 이러한 부모의 반응은 아이의 상상력을 막아 창의력을 키우는 것을 오히려 방해할 뿐이다. 친구의 물건을 가져가는 행동

또한 도둑질이라고 보아서는 안 된다. 단순히 갖고 싶어서 가져갔을 뿐이다. 갖고 싶은 물건이어도 내 것이 아닌 친구의 물건을 가져오는 것은 잘못된 행동임을 가르쳐주는 것으로 충분하다.

해결 방법

오래전 마트에서 엄마와 함께 장을 보던 여섯 살의 주원이가 과자를 들고 온 일이 있었다. 물론 의도적으로 도둑질을 한 것은 아니었다. 먹고 싶은 과자를 가지고 나왔고, 부모가 이를 미처 알아차리지 못했던 것이다. 엄마는 아이가 도둑질을 한 것에 화들짝 놀라 꾸짖었다. 또한 크게 실망하여 나에게 상담을 요청했다. 나는 어머니께 마트에 직접 찾아가 아이가 사과할 수 있도록 하고 과자 값을 계산할 수 있도록 기회를 주시라 말씀드렸다.

이처럼 유아기의 아이들이 거짓말이나 도둑질을 하는 것은 도덕성과는 별개의 문제인 경우가 많다. 절제의 힘이 아직 생기지 않은 유아기의 아이들이므로 옳고 그른 행동에 대한 명확한 인식이 아직 형성되어 있지 않다는 점을 이해하면 된다. 그러므로 가능한 것과 불가능한 것, 해도 되는 일과 해서는 안 되는 일에 대한 구분을 명확히 설명하여 이해할 수 있도록 한다. 또한 아무리 원해도 거절당할 수 있다는 것을 알게 하는 것이 바람직하다. 부모 또한 아이가 원하는 것을 무조건 들어주겠다는 마음을 버려야 자녀가 욕망을 조절하는 '절제의 힘'을 깨우칠 수 있다. 도덕적인 행동과

비도덕적인 행동을 가르치는 것을 아이가 세상을 살아가는 법을
배우는 기회로 삼아야 한다.

사례 8 : 아빠가 보이거나 부르면 놀라거나 피하면서 거부하는 아이

원인

유아기의 자녀가 이런 행동을 보인다면 부모가 아이에게 감정
기복에 따라 애정 표현을 하지는 않는지 돌아보아야 한다. 평소에
는 엄격하다가 술만 마시면 애정 표현을 하는 아버지, 평소에 조용
하다가 날 잡아서 "우리 대화하자"는 식의 아버지라면 아이들이 피
하게 마련이다. 당연히 이러한 아버지가 말하는 대화는 대화가 아
닌 경우가 많다. 아이들은 침묵하며 장시간 아버지의 이야기를 벌
서듯 듣고만 있도록 강요당한다. 즉, 대화를 나누기는커녕 부모가
하는 말을 듣기만 해야 하는 것이다.

해결 방법

부모가 자녀에게 일관성 있는 애정 표현과 행동을 보여주어야
한다. 예를 들어 기분 좋을 때는 스스럼없이 아이를 무릎에 앉혀
놀게 했던 아버지가 느닷없이 같은 행동을 하는 아이에게 버럭 화

를 내며 거부한다면 아이는 혼란스러울 수밖에 없다. 이런 식의 일관되지 못한 행동이 반복된다면 자녀는 아버지의 눈치를 살피며 가까이 가려 하지 않는다.

서로의 눈을 바라보며 나누는 대화와 일관성 있는 애정 표현이 필요하다. 칭찬을 할 때에도 "좋아. 잘했어"가 아닌, '무엇을 어떻게' 잘했는지 구체적인 행동을 언급해주자. 꾸짖을 때에는 한 아이의 잘못인데도 형제인 다른 아이까지 함께 꾸짖어서는 안 된다. 아울러 항상 부드러운 목소리로 "왜?"를 물어 아이의 마음이 어떤 상태인지 배려하고 마음을 헤아리려는 노력이 있어야 한다.

사례 9 : 남을 잘 때리고, 약한 동물이나 집 안의 화초를 괴롭히는 등 공격적 성향을 보이는 아이

♥

원인

평소 공감받지 못하고, 따뜻한 정서적 관계를 맺지 못했거나 언어적 표현이 미숙하여 마음을 알리는 방법을 잘 모를 경우 공격적인 성향을 보이게 된다. 자신의 아픔과 상처를 배려받거나 공감받지 못한 채 살아왔기 때문에 남의 아픔 또한 받아들이지 못하는 것이다. 만 5세 미만의 유아가 이런 행동을 보이는 것은 문제되지 않지만 그 이상의 아이는 문제가 된다.

생물과 무생물의 개념이 명확하지 않은 만 3세 미만 유아기의 경우 물활론적 사고(생명이 없는 대상에 생명을 부여하는 사고력. 인형과 대화하는 행동도 이에 해당함)가 가능하다. 화초나 동물이 살아 있는 생명체이고 고통을 느낄 수 있다는 것을 알게 해야 성장 후의 잘못된 행동을 방지할 수 있다. 예를 들어 "나무가 아프겠다. 호 해 줘", "강아지가 아프면 안 되니까 살살 안아줘야 해. 아이, 예뻐. 사랑해" 식의 대화를 나누는 것이 좋다. 유아기의 이러한 사고 습관이 성장 후 생명을 존중하는 마음의 바탕을 만들어준다.

또한 부모의 양육 태도에서 자녀를 인정하고 사랑하는 마음을 표현해야 한다. 스킨십도 꼭 따라야 한다. 친구와 놀이하고 싶을 때, 어른과 이야기를 나눌 때, 어떻게 말해야 하는지 구체적인 방법을 반복적으로 보여주고 이를 실제로 할 수 있는 기회를 제공해야 한다.

기타 사례

무조건 남을 탓하거나 상대방을 비판하여 친구들로부터 소외되는 아이도 있다. 대부분 부모로부터 인정을 받지 못한 채 성장한 아이들이 보여주는 사례다. 부모는 아이가 아이임을 인정하고 완벽하기를 바라는 그 기대치를 낮춰야 한다. 아이의 실수를 인정해주고 격려하며 포용하는 자세를 갖는 것이 바람직하다.

또한 완벽을 추구하는 아이들도 있다. 실수를 하면 큰 소리로 울음을 터뜨리거나 화를 내며 견디기 힘들어 한다. 이러한 아이들의 행동은 부모가 완벽주의일 때 주로 나타난다. 마찬가지로 부모가 스스로 완벽주의 성향을 자제하고 아이에게 강요하지 않을 때 해결할 수 있다. 아이를 있는 그대로 받아들이고 실수를 통해 어른으로 성장해나가는 시기임을 이해하여 배려한다면 아이 또한 조급함으로 울음을 터뜨리지 않고 편안해질 수 있다.

그 외에도 학교에서나 유치원에서 한곳에 자리 잡고 집중하지 못한 채 이리저리 배회하는 아웃사이더 성향의 아이들도 있다. 안정감이 부족하여 마음이 불안한 아이들이 보여주는 행동이다. 주로 부모의 성격이 다혈질이거나 반대로 감정 기복이 없는 경우 자녀가 이런 행동을 보이게 된다. 충분한 사랑을 느낄 수 있도록 부모가 마음을 느긋하게 하고 긍정적인 사고를 가지려 노력해야 한다. 아이를 바라보는 시선에 힘이 들어가서는 곤란하다. 웃는 눈빛으로 아이의 눈을 마주하며 실수했을 때 친절하게 공감해주는 것이 좋다. "괜찮아. 엄마도 어릴 때 그랬어. 너처럼 어릴 때는 누구나 실수할 수 있어"라고 진심 어린 공감을 해준다면 아이는 부모를 든든한 지원군으로 믿으며 안정감을 되찾을 수 있다.

　　이렇듯 무엇을 상상하였든 또 원인이 무엇이었든 간에 아이와
의 '대화'가 기본이다. 아이에게 질문하자. 그 대답을 경청해주고
아이의 마음에 공감하자. 부모가 스스로 다르게 보는 시각을 훈련
하자. 자신의 감정을 조절하고 상대방의 입장에서 생각하는 것을
훈련하자. 부모의 이러한 모습은 아이의 변화를 유도하는 완벽한
시작이며 가장 긍정적인 결과를 낳는 해법이다.

연령에 맞는 성교육,
자존감을 높인다

최근 몇 년 사이에, 만 9세 이하의 아이들이 또래의 친구들로부터 성(性) 관련 피해를 입는 일들이 자주 보고되고 있다.

교육은 시대의 변화에 발맞춰야 한다. 변화를 따르지 않는 교육은 현실과의 괴리를 가져올 수밖에 없고 지적 성장이나 영적 성장 그 어떤 것에도 도움이 될 수 없다. 급변하는 디지털 문화의 세상에 살고 있는 현재의 세대에게 수학과 영어가 아닌 천자문으로 수능을 대신할 수 없는 것처럼, 성교육도 아동의 연령과 시대적 변화를 기준으로 달라질 수밖에 없다.

아마 아동의 성 인식 변화를 대변할 수 있는 것이 '남아의 목욕탕 출입 나이 제한'일 것 같다. 2003년에 법 개정이 되기 이전에는 만 7세 남아도 여탕 출입이 가능했다. 그러나 개정 이후 만 5세로 바뀌었으며 현재는 만 3세로 연령을 낮추어야 한다는 의견이 분분하다. 만 5세의 남자아이라고는 해도 예전과 달리 성에 대한 인식이 높아져 조숙해진 탓이다.

"다 컸잖아요. 내년이면 초등학교에 입학할 녀석이 자꾸 만지려고 해서 징그러워 죽겠어요."

이렇게 말하는 어머니가 있었다. 자꾸만 아이가 품으로 파고든다며 고개를 내두르는 어머니에게 웃으며 이렇게 대답했다.

"뭐가 징그러워요? 아들인데. 그것 좀 만지게 해주시면 뭐 어때요? 닳는 것도 아니고…… 실컷 만지게 해주세요. 단, 허락할 때만 만지라고 해주세요. 그리고 또 알려주세요. 우리 몸은 소중한 것이니 다른 사람이 만지게 해도 안 되고, 남의 몸을 함부로 만져도 안 된다고요."

다만, 공공장소에서 엄마의 가슴을 만지려는 아이에게는 단호함을 보일 필요가 있다. 사람들이 있는 장소에서는 그럴 수 없다는 것을 알려주고, 허락하지 않는 대신에 안아주는 것이 좋다. 또한 이렇게 단호하게 거부할 때 화를 낸다거나 짜증을 내서는 곤란하다. 아이가 놀라고 수치심을 가질 수 있기 때문이다.

우리 아이들은 가장 가까운 이의 몸을 만져보는 것으로 신체에 대한 호기심을 충족하려 한다. 그저 순수한 감정일 뿐 다른 것은 없다. 이때 부모의 역할은 당황하지 않고 슬기롭게 대처하여 아이에게 올바른 성의식이 자리 잡을 수 있도록 해주는 것이다.

그렇다고 성이라는 단어에 어른들이 굳이 거부감을 느낄 필요는 없다. 거부감을 느낀다면 자녀들에게도 그 마음이 고스란히 전해지고 성은 은밀히 감춰야 하는 '말할 수 없는 나쁜 것'이라는 이미지가 생긴다. 성을 '나쁜 행동'으로 인식시켜서는 곤란하다. 또한 성적 충동과 호기심에 몰입하지 않고 건전한 사고방식과 생활을 유지할 수 있는 청년으로 자라날 수 있도록 다른 즐거움을 심어주는 것이 바람직하다.

신체 탐험의 시기가 있다

아이들은 0~3세가 되면 스스로 신체 탐험을 시작한다. 이때는 손으로 물건을 잡기 시작하는 연령대로 자신의 몸을 장난감처럼 만지작거리게 된다. 얼굴이며 발도 만지고 성기를 만지며 놀이로 삼는 아이들도 있다. 부모가 이것을 꾸짖는 것은 곤란하다. 발달 과정의 아이들은 호기심 충족이 우선이다. 옳고 그름을 판단하는 사고력을 먼저 배우지는 않는 것이다. 아이가 손을 이용해 만지고 그 느낌을 충족해야 하는 이 시기에는 부모 스스로 포옹을 자주 해주는 등 충분한 스킨십을 느끼도록 해주는 것이 무엇보다 중요하다.

성 역할을 구별할 수 있다

좀 더 성장하여 4~6세가 되면, 아이들은 남자와 여자를 구별하게 된다. 여자는 여자끼리 어울리려고 하고, 남자는 남자끼리 어울리려는 경향이 나타난다. 또한 이성 앞에서 옷을 벗으면 창피하다는 것도 알게 된다. 그리고 바로 이 시기에, 엄마와 아빠가 가장 겁을 내는 질문을 처음 시도한다.

"엄마, 아기는 어떻게 생겨요?"

"엄마, 아기는 어디로 나와요?"

그리고 여자아이는 아빠를(일렉트라 콤플렉스), 남자아이는 엄마를(오이디푸스 콤플렉스) 독차지하려는 성향이 나타나지만 크게 염려할 필요는 없다. 이 시기가 지나고 친구들이 생기면서 자연스럽게 사라지는 것이 대부분이다.

성에 대한 관심이 증폭되는 시기

6~7세가 되면 성에 대해 더욱 적극적인 관심을 드러내고 행동으로 보이게 된다. 친구의 몸을 만지고 싶어 한다거나, 놀이를 하며 이성의 친구에게 뽀뽀를 하고 껴안아보기도 한다. 좀 더 적극적인 아이들의 경우 서로의 성기를 구경하거나 만지기도 하는데, 이

때 어른들이 크게 꾸짖을 경우 잘못된 성 관념이나 수치심을 줄 수 있으니 조심해야 한다. 반대로 아이들의 이런 놀이를 보고 귀엽다고 웃는 것도 바람직하지 못하다. 아이들에게 호기심이 생기는 것은 자연스러운 성장 과정이지만 '우리의 몸은 소중하다'는 것을 알게 하고 비밀스러워야 함을 알려주어야 한다. 또한 친구들의 몸을 함부로 만지는 것은 좋은 행동이 아니라는 것도 알게 해야 한다.

내 몸의 소중함, 어떻게 가르쳐야 할까?

♥

아이들의 이런 성적 호기심의 대상은 우리 교사들이라고 예외는 아니다. 단, 어른들이 느끼는 그것과는 분명히 구분해야 마땅하다. 아이들의 성에 관한 호기심은 모르는 것에 대한 탐구 정신에 가깝다. 그러나 어른들이 갖는 성에 관한 호기심은 성이 무엇인지 알고 있을 때 느끼는 욕구이며 욕망이고 충동이다. 그러니 아이들이 성에 관한 호기심을 보인다고 해서 노여워하거나 당황할 필요가 없다. 모르는 것을 알게 하되, 올바른 관념으로 자리 잡을 수 있도록 도와주는 것이 부모와 교사 들의 역할이라 할 수 있다.

자주 겪는 일인데, 이 시기의 아이들은 선생님의 옷이나 몸에 관심을 갖고 만지려 드는 경우가 있다. 나도 스커트 차림에 스타킹을 신고 출근한 날이면 곁에 다가와 만져보고 싶어 하는 아이들이

제법 있었다. 배시시 웃는 얼굴로 수줍게 다가와서는 "선생님, 치마 속 한 번만 봐도 돼요?"라고 묻는 귀여운 아이도 있다.

"아니요. 선생님은 그럴 수 없어요. ○○이가 내 치마 속을 보려고 하면 너무 창피해요. 그러니까 하지 마세요."

"네."

"고마워요. 먼저 물어봐주고 선생님 안 창피하게 해줘서 정말 고마워요. ○○이는 정말 좋은 친구네요."

단호하게 거절한 후, 행동하기 전에 먼저 물어봐준 것을 칭찬해주면 아이의 표정이 한결 편안해진다. 아이들 호기심의 대상이 되는 나부터 다른 선생님들까지, 분명하되 마음을 어루만지는 화법으로 아이들의 이런 행동을 잡아주고 있다. 특히 성에 관한 호기심이기에 비뚤어지지 않도록 더욱 조심하게 된다.

가정 내에서 부모들 역시 친절하되 단호해야 할 필요가 있다. 우선 아이들이 밤에 혼자 소변을 볼 수 있게 되는 시기부터는 반드시 부모와 다른 방을 쓰는 것이 옳다. 부모의 행동을 통해 성이 자연스럽고 아름다운 것이라는 사실을 알게 하는 것이 마땅하지만, 너무 지나친 행동을 노출하는 것은 거꾸로 호기심을 자극하게 된다. 성교육을 실시한다는 이유로 자극적인 표현을 쓴다거나 영상물을 보게 하는 것도 같은 부작용을 낳게 되므로 좋지 않다.

이처럼 아이들에게 '성'을 가르치는 것은 '내 몸의 소중함'을 깨우쳐 자존감을 높이는 교육이다. 내 몸의 소중함을 알게 된 아이들은 친구들의 몸도 소중하다는 것을 자연스럽게 인지한다.

시대가 변하여 아이들의 성 조숙 또한 10년 전과 다르고, 현재의 아동들이 성인이 된 후 낳은 자녀들은 더욱 다를 수 있다. 그러나 언제나 한결같이 변하지 않는 것, 어느 시기에 어느 연령의 아이들이라고 해도 우리가 알려주어야 할 것은 '우리 몸의 소중함'이다. 자신을 소중히 여기는 것에서부터 스스로를 아끼고 존중하는 자존감이 시작된다.

Tip

성교육을 위해 부모님께 드리는 당부

- 유아에 대한 이해가 필요해요.
- 자연스럽게 반응해주세요.
- 사실적이고도 간단하게 알려주세요.
- 자녀 수준에 맞게 대답해주세요.
- 지나친 성교육은 곤란해요.
- 묻지 않는 자녀에게 더 큰 관심이 필요해요.
- 자녀와 대화를 해야만 성교육도 가능해요.
- 남녀가 다르지만 둘 다 소중하다는 것을 알려주세요.

Tip

아이가 성기를 만지며 놀아요!

당황하거나 화를 내서는 곤란하다. 혹시라도 아이가 가려움증을 느끼거나 염증이 있는 것은 아닌지 확인하고, 손으로 자꾸 만지면 위생에 좋지 않아 병에 걸릴 수 있다는 것도 부드럽게 설명해준다. 손을 자주 씻지 않고 음식을 먹으면 감기에 걸릴 수 있듯이, 성기도 아플 수 있다고 알려준다. 또한 아이가 성기를 만지며 놀지 않도록, 아이가 더 큰 즐거움을 느낄 수 있도록 다른 놀이를 부모가 함께해준다.

아이는
친구와 함께 성장한다

아이들이 아침에 등원할 때 엄마와 떨어지기 싫어하거나, 엄마가 혼자 외출하려 할 때 다른 가족들이 있는데도 울며 매달리는 것은 아이들 특유의 애착 본능 때문이다. 사람이 세상에 태어나 처음 관계를 맺는 존재는 바로 엄마다. 아이들의 입장에서는 의지할 수 있는 가장 믿음직스러운 사람이 엄마일 수밖에 없다. 더구나 늘 곁에서 젖을 먹이며 사랑스러운 눈빛으로 바라봐주는 어머니의 존재는 말할 줄 모르는 영아들의 마음에도 '항상 내편'이고 유일한 '안전지대'로 인식되는 것이 당연하다. 그렇게 인식된 어머니의 존재감은 어른이 된 후 죽음이라는 절차를 통해 이별하게 되는 순간까지도 크다. 그래서 세상을 잃는 것처럼 충격을 준다.

아이가 세상에서 처음으로 관계를 맺는 존재가 엄마이지만, 가족이 아닌 진정한 타인과의 관계는 이웃에 살고 있는 친구나 유치원에서 알게 되는 친구들과 선생님들이 된다. 처음엔 낯설어 서로의 눈치를 살피면서도 이내 자신과 통하는 친구를 사귀어 좋아하는 마음을 내보이며 함께하고 싶어 한다. 엄마에게 애착을 느끼듯, 자신이 좋아하는 친구와 무엇이든 함께하고 싶은 마음을 표현하게 되는 것이다.

유아가 4세 무렵 감정 표현이 분명해지면 좋아하는 친구와 싫어하는 친구에 대해 구체적으로 표현하기 시작한다. 재미있는 것은, 아이들이 좋아하는 친구는 대개 비슷하다는 것이다. 밝게 웃는 친구, 재미있게 놀아주는 친구, 자신에게 친절한 친구 등이 그렇다. 이렇게 좋아하는 친구가 생기면 함께 시간을 보내며 긴밀한 유대감을 통해 안정감을 느끼게 된다. 엄마와의 돈독한 관계가 아이를 편안하게 했던 것처럼 말이다.

우리도 어린 시절을 회상해보면 유독 인기가 높았던 친구들을 떠올릴 수 있을 것이다. 그 친구의 주변에는 늘 도시락을 함께 먹기 위해 다른 친구들이 왁자지껄 모여들었다. 학급 행사 같은 데서도 인기가 높은 친구는 함께하려는 아이들이 줄을 서기도 했다. 어른이 된 후 가만 생각해보니, 그 친구의 장점이 바로 '사회적 기술(양보, 배려, 타협 등)'을 갖춘 '사회성'임을 알 수 있었다.

누구와 만나도 쉽게 말을 걸 수 있는 밝은 성격, 자신의 주장을 고집하지 않고 남의 이야기를 들어주며, 어려운 상황에 처한 친구를 돕고, 타인을 험담하지 않는 친구, 왠지 비밀을 털어놓아도 지켜줄 것만 같은 마음 깊은 친구……. 그런 친구였다. 그리고 그 친구의 주변에 친구들이 모이면 단지 숫자가 아닌 힘든 일도 척척 해내는 '모둠'이 된다. 물론 인기 높은 그 친구는 늘 자연스레 리더의 역할을 하곤 했다.

리더의 역할을 했던 그 친구가 반장이었거나 전교 회장이었을 수도 있다. 그러나 한 가지 분명한 것은 단지 공부를 잘하는 것만으로는 다른 아이들로부터 인기를 얻을 수 없다는 사실이다.

아이들도 '좋은 친구'가 누구인지 알고 있다

"선생님, 저는 규태랑 같이 모둠 안 할 거예요!"
"저도 싫어요!"
"규태는 만날 자기 맘대로 해요!"
때마침 유치원을 방문한 손님을 배웅하고 사무실로 들어가는 길이었다. 지나치던 옆 교실에서 웅성웅성 아이들의 항의 섞인 외침이 들려왔다. 살그머니 문을 열고 담임 선생님에게 눈인사를 하고 가만히 아이들을 지켜보았다. 모둠별로 만들기 수업을 하던 중이었는데, 규태라는 아이가 양 옆구리에 손을 얹고 씩씩거리는 중이었다. 다른 아이들은 또 아이들대로 그런 규태를 못마땅하다며 똑같이 씩씩거렸다. 조그만 새끼 복어 한 무리가 울퉁불퉁 양 볼을 부풀리고 있는 것처럼 귀여워서 자꾸만 웃음이 나왔다. 하지만 아이들은 그 순간만큼은 몹시 진지하게 선생님께 항의하는 중이었다. 나는 담임 선생님에게 나머지 아이들을 잘 타이르도록 이야기한 후 규태를 데리고 원장실로 왔다.

"규태가 왜 이렇게 화가 났을까요? 나한테 이야기해줄래요?"

내 의자 옆에 규태가 앉을 의자를 놓아주며 웃어주자 규태가 어깨를 으쓱거리며 의기양양하게 앉았다. 큰 회사의 제일 높은 회장님 같은 본새였다. 온몸으로 '내가 대장이야'라고 말하는 규태의 마음을 읽고 만져줘야 했다.

사실, 규태는 4대 독자였다. 터울이 제법 나는 누나도 있었지만 열 살이나 많은 누나는 동생의 배려를 받기보다는 늘 양보하는 편이었을 것이다. 게다가 할머니와 할아버지, 어머니와 아버지는 규태의 말이라면 무엇이든 "OK"라고 했다. 가정 내에서 독불장군이었을 규태가 유치원에서 새로운 친구들을 사귀며 원만한 유대관계를 맺는 것에는 결코 도움이 되기 힘든 여건이다.

'나' 중심의 사고를 가진 규태는 여지껏 자신을 중심으로 돌아가는 가정에서만 생활했으니 타인의 의견을 들어주고 양보를 해주는 미덕과 배려를 배웠을 리 없지 않은가. 원하면 무엇이든 들어주는 가족들과 생활한 탓에 다른 친구들과 더불어 생활해야 하는 유치원이 익숙하지 않았을 것이고, 다른 아이들이 규태를 이해하고 받아들이지 못하는 것처럼 규태도 다른 아이들을 쉽게 받아들이지 못했을 것이다.

그날, 규태는 끝까지 마음을 열지 않았다. 6년간 몸에 밴 습관과 사고가 단 한 번인 나와의 대화로 달라질 수는 없었다. 그리고 이후로도 규태의 마음을 읽고 어루만져 다른 아이들과 올바른 유대관계를 맺도록 하는 것이 매우 힘들었다. 부모님의 변화가 절실했는데 이루어지지 않았기 때문이다.

규태와 같은 반인 아이들은 늘 뾰로통한 아기 복어 얼굴로 선생님을 찾았다. 오죽하며 내가 "바다반이라 그럴까요?"라며 우스개를 했을까? 그래도 넓은 시각에서 보면 아이들의 그런 모습이 꼭 나쁜 점만은 아니었다. 규태와 정반대인 모습의 아이가 있었기 때문이다.

"원장님! 애들이 막 화내고 규태 나쁘다고 하니까요, 갑자기 성준이가 벌떡 일어나서 이랬어요. 친구끼리 싸우면 안 되는 거야. 너희들 그러면 나쁜 사람이야! 빨리 화해해! 그래서 애들이 성준이가 시키는 대로 규태랑 화해했어요. 너무 귀엽죠?"

"어머나…… 세상에…… 정말 귀여워요. 어떻게 그런 깜찍한 말을 했을까. 여섯 살 아이가 마음이 정말 깊네요. 부모님 영향이겠죠?"

아이들이 아무리 어리다고 해도 저마다 제 몫을 하고 서로를 잇는 징검다리가 되어주는 것을 보면 지켜보는 어른으로서 감동받지 않을 수가 없다. 나만의 이익을 바라고 따지기보다 더불어 살아가는 것에 더 큰 의미를 두는 아이들의 순수함은 눈처럼 하얗고 눈부시다. 어른이 된 우리가 성장하면서 잃어버리고 있는 것이 바로 이러한 순수함 아닐까? 아이들의 순수 앞에서는 정화되는 느낌을 받는다.

싫어하는 것과 좋아하는 것을 표현하고 감정도 분명해지는 시기의 유아들 세계에서도 늘 문제는 터진다. 그리고 그것을 해결해내는 것도 결국 자신들의 몫이다. 크기와 깊이만 다를 뿐 아이들의 세계를 보면 어른들의 그것과 다르지 않다.

생각이 다른 아이가 있다면 이것을 해결할 방법을 제시하고 친구들을 이끄는 구심점이 되어주는 친구도 분명 존재한다. 때로는 선생님이 개입하여 아이들을 이해시키고, 친구들과 사이좋게 지낼 방법을 자연스럽게 제시할 수도 있다. 하지만 역시 가장 효과적인 방법은 성준이 같은 아이들이 친구들을 뭉치게 하는 것이다. 성준이의 말이 통하는 것은 당연히 다른 아이들로부터 지지를 받기 때문이다.

아이들도 알고 있다. 어떤 친구가 바른 생각을 하는 착한 아이인지……. 나를 불편하게 하지 않고 재미있는 이야기도 해주는 친구, 다른 아이들과 분쟁이 일어났을 때 의젓하게 나서서 해결해주는 친구, 거기에 리더십까지 있다면 아이들 세계에선 최고의 인기를 얻게 된다. 당연히 상호 애착관계가 형성되고 의지하며 서로를 다독이고 함께하려는 행동을 하게 된다. 유치원에 오기 전, 가정 내에서 엄마에게 보였던 애착관계처럼 말이다.

엄마, 아빠와의 애착관계가 자녀의 사회성을 높인다

애착이란 가장 가까운 사람에게 느끼는 감정적 유대관계를 말한다. 아이들은 태어난 순간부터 엄마에게 의지하고 강한 애착을 보이기 시작한다. 갓 태어난 아기는 자신이 너무도 연약한 존재라는 사실을 본능적으로 알고 있다.

그러다 8개월여가 지나면 엄마와 타인을 구분하게 된다. 엄마의 목소리와 아빠의 목소리를 구분하고, 자신을 안아주는 사람의 느낌도 구분하여 안정적이지 못하면 칭얼거리기도 한다. 또한 엄마와 떨어지게 되면 울음을 터뜨리는 시기가 찾아온다. 분리불안을 보이게 되는데, 대개 다섯 살 무렵에는 자연스럽게 고쳐진다.

이러한 '애착 이론(attachment theory)'이 본격적으로 연구된 계기는 제2차 세계대전 직후였다. 수많은 전쟁고아가 사회적 관계에 어려움을 겪고 있다는 것을 알게 된 UN에서 존 볼비(심리분석가이자 심리치료사)에게 보고서를 작성하도록 했다. 이때 시작된 연구가 애착 이론의 바탕이 되었으며, 다른 학자들을 통해 더욱 발전을 이루게 된다.

부모를 잃은 아이들이 당연히 가졌어야 할 애착관계를 갖지 못하자 사회 부적응의 증상으로 나타난 것은 자명한 일이다. 타인과 관계를 맺는 것을 혼란스러워했고, 올바른 방법을 모르니 소외될 수밖에 없었던 것이다.

이처럼 자녀가 올바른 관계를 맺고 긍정적인 사람으로 우뚝 서게 하려면 엄마와의 애착관계가 그 시발점이 되며, 그것은 매우 중요하다. 또한 부모가 보이는 사회적 기술은 자녀가 보고 배우는 본보기이다.

그렇다면, 우리 아이들이 부모와의 애착관계가 잘 형성되도록 해주는 방법은 무엇일까?

첫째, 자녀와 많은 대화를 나누는 것이다. 아이에게 끊임없이 말을 걸어 대화를 시도하는 것이 바람직하다.

둘째, 많이 안아주는 것이다. 말만으로 예쁘다고 하는 것보다 깊은 포옹으로 아이에게 안정감을 주면 정서적으로 더 많이 의지할뿐더러 엄마를 사랑하게 된다. 하루에도 몇 차례 수시로 안아주는 것이 도움이 된다.

셋째, 관심이다. 어디서 무엇을 하고 있더라도 아이가 엄마를 찾으면 눈을 맞추고 대답해주어야 아이가 외롭다는 생각을 안 한다. 누군가와 전화 통화를 하고 있을 때 아이가 엄마를 찾는다면 귀찮다고 무심코 밀어내어서는 곤란하다. 통화하던 상대방에게 잠시 양해를 구하고 아이에게 기다려달라고 웃으며 부탁하는 것이 좋다.

넷째, 엄마 스스로 반드시 지니고 있어야 할 자신감이다. 스스로 훌륭한 어머니라는 생각을 갖고 일관성 있는 자세로 자녀교육에 최선을 다한다면, 아이도 안정감을 갖고 엄마에게 의지할 수 있다. 늘 불안해하고 지친 모습을 보이면 아이도 그런 엄마의 모습을 지켜보며 불안함을 느끼게 된다. 믿고 의지할 강한 존재의 엄마가 아닌 연약한 모습의 엄마라면 생존 본능에 의해 시작되는 애착관계 형성이 수월할 리 없다.

내 아이가 많은 친구와 관계 맺기를 원한다면

30여 년 동안 유아교육에 전념하면서 많은 아이를 경험하였지만 어른인 나로서도 본받게 될 만큼 사회성이 뛰어난 아이가 있었다. 유치원에 등원하면 마주치는 선생님들과 친구들 모두를 놓치지 않고 큰 소리로 인사를 했다.

"이야, 너 오늘 정말 머리 예쁘게 묶었네?"

"나는 야채 많이 못 먹는데 넌 정말 잘 먹는구나."

"선생님, 오늘 구두 너무 예뻐요."

인사뿐만이 아니다. 상대방을 기분 좋게 하는 긍정적인 표현들을 진심으로 표현할 줄 알았다. 당연히 선생님에게 사랑을 받았고, 또래의 친구들도 이 아이와 친하게 지내려고 늘 주변에 머물렀다. 내가 만난 아이들 중에서 친화력이 가장 좋았던 아이였다.

추후에 알게 된 일이지만 이 아이의 어머니가 이웃과 매우 돈독한 관계를 유지하고 있었다. 어려운 이웃이 있으면 공감하며 도와주는 사람이었는데, 이 어머니를 모르는 이가 없을 만큼 동네에서 예의 바른 사람으로 소문이 자자했다. 특별하지 않은 소소한 일에도 유치원으로 감사의 카드를 자주 보내셔서 선생님들이 감동받는 일도 잦았다. 정말 소소한 일들이었다. 오늘 하루 수업을 잘 받고 아이가 즐거운 마음으로 돌아오게 해주어 감사하다는 식이다. 조금만 노력한다면 누구라도 이 어머니처럼 자녀에게 긍정적인 영향을 미치는 모범적인 삶을 살 수 있다.

이 아이처럼 사회성이 높은 아이는 리더가 되는 두 가지 조건을 갖춘 것과 같다. 사회성을 갖춰 관계를 잘 맺고 유지하는 사람은 타인을 배려하는 인성도 뛰어나다. 또한 너무도 당연한 말이겠지만 어려운 문제가 닥쳐도 극복할 수 있는 해결 능력이 발달한다.

아이가 이러한 탄탄한 마음 근육을 갖는 것은 어려운 일이 아니다. 양보와 배려, 대립하게 되었을 때 타협하는 방법을 알게 하는 것이다. 이러한 것들은 가정 내에서 부모가 어떤 모습을 보이느냐에 따라 달라진다.

첫 번째, 가족들의 유대관계가 얼마나 돈독한지 아이에게 모범을 보이는 것이다. 부모가 서로를 존중하고 이해하는 모습을 보인다면, 아이도 자연스럽게 본받으며 성장한다. 아빠가 엄마에게 함부로 말하고, 엄마가 늘 짜증과 투덜거림으로 소리만 지른다면 아이도 배우게 된다. 옆집 아줌마나 뒷집 아저씨 흉을 보는 엄마라면 아이도 다른 친구의 험담을 즐겨하는 어른으로 성장한다. 보는 대로 배우는 것이 유아이기 때문이다.

두 번째, 또래 친구들과 어울릴 수 있도록 자연스럽게 기회를 만들어주는 것이다. 유치원 입학 전의 자녀라면 부모가 이웃과 어울려 이웃의 아이와 친구가 되도록 해주는 것도 좋다. 장난감을 사이좋게 나눠주어 함께 놀게 하고, 맛있는 과자를 친구와 나누어 먹는 것만으로도 아이들의 사회성에 긍정적인 발전이 싹트게 된다.

세 번째, 아이에게 친구가 생겼다면 부모가 긍정적인 조언을 해주는 것이다. 어떻게 하는 것이 친구를 배려하는 것인지 알려준다거나, 다투었을 때 친구의 입장에서 생각해볼 수 있도록 조언해주는 것도 좋다. 하지만 지나치게 간섭하는 것은 아이의 자존감을 떨어뜨려 주도적인 삶을 살게 하는 것을 방해할 수 있다.

네 번째, 부모의 격려와 칭찬이 필요하다. 아이가 친구와 관계를 맺고 사이좋게 잘 지내고 있다면 그런 모습을 칭찬해주고 격려해주는 것이 좋다. 가장 믿고 의지하는 엄마가 다정한 말로 칭찬해준다면 아이는 기분이 좋아져 더욱 노력하게 된다.

다섯 번째, 인기에 연연하지 않도록 하는 것이다. 가벼운 참견이라도 "누가 가장 인기가 많아?"라고 묻는 것은 자칫 '인기'가 높아야만 한다는 것으로 아이에게 들릴 수 있다.

알베르트 아인슈타인은 "세상에서 가장 아름다운 사실은 머리와 가슴이 정직한 진실된 친구가 있다는 것"이라고 했다. 친구는 어느 한쪽의 일방적인 선택만으로 관계가 맺어지기 어렵다. 나에게 상대방이 믿음직스러운 존재라야 하듯, 나 또한 상대방에게 그런 존재라야 한다.

내 아이가 사회성이 부족하여 타인을 배려할 줄 모르고 자신의 생각만 고집하는 사람으로 성장한다면 좋은 친구를 많이 만나 올바른 사회적 관계를 형성하는 것이 어려워질 것이다. 내 아이에게 친구가 없다면 부모는 그 이유를 어느 정도 알고 있을 것이다. 하지만 그 근본적 이유가 부모와의 애착관계 형성에 문제가 있기 때문임을 간파한 경우는 드물다. 어떠한 경우라도, 아이의 현재 모습은 곧 부모로부터 출발되었다는 것을 생각한다면 무척 사소한 행동 하나라도 조심스러울 수밖에 없다.

자녀에게 들려줄 수 있는 친구에 대한 조언 사례

예) 친구와 장난감 하나로 다툼이 일어날 때

"친구가 우리 집에 놀러 와 내 소중한 장난감을 가지고 놀이하는 것이 싫다면 놀러 온 친구는 다시 오기 힘들 거야. 장난감을 갖고 놀지 못하게 하기 때문이지. 우리 집에 놀러 왔다고 모두 내 마음대로 할 수 없어. 왜냐하면 친구의 마음도 있기 때문이야. 그럼 어떻게 해야 할까? 친구와 이야기 나눠서 좋은 방법을 찾아야겠지? 장난감을 나눠주기 어렵다면 다른 것을 나눌 수도 있고, 네가 마음을 바꿔 친구에게 장난감을 양보해줄 수도 있지. 마음을 바꾸는 건 어려운 일이지. 바꾸려면 용기가 필요하기 때문이야. 엄마는 내 딸(아들) OO가 용기 있는 사람이었으면 좋겠구나! 내 마음을 바꿔 다른 사람의 마음을 따라가주는 것을 많이 연습해야 많은 사람과 친해질 수 있거든."

사람은 누구나 마음이 각자 다르다는 것을 유아에게 이해시켜야 한다. 엄마와 아빠의 생각, 친구의 생각도 다르다. 이렇게 서로 다를 수 있다는 것을 이해하게 된다면 배려와 양보를 배울 수 있다.

Part 3
아이의 성장, 함께하는 부모 되기

-보여주는 부모가 배우는 아이로 만든다-

아이의 오감을 깨우는 기술은 바로 부모의 노력과 사랑이다. 다시 말하자면, 행복한 유아기를 보낸 아이가 똑똑하고 머리가 좋다고 할 수 있겠다.

1.

오감의 발달이
아이를 서게 한다

아이들 등원을 지켜보고 내 방으로 돌아와 하루의 업무를 시작하고 있었다. 음악 수업을 하고 있는 반에서 아이들이 소고를 두드리며 쿵덕쿵덕 민요를 부르는 소리가 들려왔다. 체육 수업을 하는 교실에서는 한창 율동체조를 하는지, 재미있는 노래에 맞춰 들려오는 쿵쿵 소리가 귀여운 천둥소리 같다.

노트북 화면에 시선을 고정한 채 업무를 보고 있는 내가 혼자 이렇게 실실 웃는 것을 누군가 본다면 이상하게 생각할지도 모른다. 하지만 소리만으로도 머릿속에 한가득 그려낼 수 있는 아이들의 모습은 내 얼굴에서 웃음이 떠나질 않게 한다.

어른들에게는 아이들이 그저 재미있는 유희를 즐기고 있는 것

처럼 보일 수도 있다. 하지만 아이들이 친구들과 어울려 선생님과 함께 보내는 수업 시간은 철저한 연령별 수준 학습이다. 하다못해 실내 수업을 한 후 운동장으로 나와서 친구들과 놀이기구를 타는 것도 학습 효과가 있다.

일주일에 한 번 유치원 인근의 야트막한 뒷산을 오르는 산행 활동을 하고 있다. 아이들은 매번 가는 뒷산인데도 뭐가 그리 즐거운지 숨이 넘어가게 까르륵 웃고 떠들며 흥분하곤 한다. 친구와 함께해서 즐겁고, 나무와 꽃을 만질 수 있어 즐겁고, 시원한 산바람을 온몸으로 느낄 수 있어 즐거운 것이다. 소소한 일상이지만 그 안에서 얻는 경험은 아이들의 성장과 두뇌 발달을 돕는 밑거름이 된다. 또 시시각각 변화하는 자연의 모습은 어떤 구조적인 교구나 영상보다도 더욱 효과적으로 창조성을 기르고 담아낼 수 있는 넓은 놀이터다.

오감으로 성장하는 시기

심리학자 피아제는 아이들이 0~2세의 시기에 감각과 운동 활동을 통해 주변 환경에 대한 이해를 하기 시작한다고 했다. 이 시기의 아이들은 손을 쥐거나, 입에 뭔가를 넣고, 발을 움직여 차며, 기어 다니는 등 다양한 활동을 해낸다.

손으로 물건을 쥐면 곧장 입으로 가져가는 통에 엄마들이 "지지야, 지지!" 하며 말려보지만, 아가들은 아랑곳하지 않는다. 무조건 입에 넣고 쪽쪽 빨고 본다. 촉각, 미각, 시각, 청각, 후각의 오감을 통해 주변 환경을 끊임없이 탐색하여 알아가는 시기이기 때문이다.

그래서 이 시기의 아이들은 이 모든 감각적 활동을 실컷, 자유롭게 해야 한다. 그렇게 아이들은 오감으로 경험하며 성장하게 된다. 기어 다닐 땐 눈앞의 물건들을, 가구를 딛고 일어설 수 있게 되면 그만큼 높아진 눈높이의 물건들을 만지고 입에 넣어본다. 9개월 정도의 아가들이 가진 집중력은 대략 2초이니, 손에 쥔 물건을 갖고 노는 것도 잠깐이다. 금방 다른 물건으로 시선을 돌리고 만지작거린다. 순식간에 집 안이 난장판이 된다고 엄마들이 즐거운 비명을 지르게 되는 이유다.

이렇게 다섯 가지 감각을 이용하는 것은 곧장 두뇌 발달로 이어진다. 손을 꼼지락거리고, 힘을 주어 물건을 잡거나, 느낌이 다른 물건들을 만지면서 아이의 두뇌는 자극받고 발달한다. 말 그대로, 당장 아이의 감각에 새로이 전해지는 모든 것이 곧장 두뇌를 자극하고 새로운 정보로 입력되는 것이다.

감각적인 경험과 체험이 바탕이 되는 시기

오감을 통해 아이의 탐구 정신이 충족되면서 성장하지만, 좀 더 본격적인 경험과 체험이 필요한 시기가 바로 3세 이후의 유아기라고 볼 수 있다. 실외 활동이 가능해지고, 두 발로 땅을 딛고 걸으며, 넓은 세상을 직접 보고 듣고 만지며 체험하게 된다.

이 시기의 자녀가 충분히 오감을 충족시킬 수 있도록 부모가 도울 방법이 있다. 사계절이 뚜렷한 우리나라의 자연 변화를 보고 느낄 수 있게 해주는 것도 방법 중 하나다. 또한 아이가 이해할 만한 전시회, 공연, 어린이 연극 등을 함께 관람하는 것도 좋다.

맛있는 음식을 먹을 때도 그저 먹는 것에만 충실한 것이 아니라, 이루어진 재료의 맛과 냄새를 알게 하고 언어로 표현을 주고받는 것도 아이의 두뇌 발달에 긍정적인 영향을 미친다. 실제로 이 시기의 아이들은 무척 엉뚱하지만 재미있는 표현을 해서 부모를 미소 짓게 하기도 한다. 물론 이런 모습은 부모나 선생님을 통한 언어적 자극에서 비롯된다. 끊임없이 대화를 나누다 보면 아이는 부모가 깜짝 놀랄 만한 발달을 이루어낸다. 때로는 어른들이 쓰는 말을 듣고 마음에 드는 표현을 따라 하기도 한다.

집 안에 화초나 반려동물을 기르는 것도 아이들의 두뇌 발달과 정서적 안정에 도움이 된다. 꽃향기를 맡고 잎을 만지며 엄마와 함께 물을 주는 것으로 아이들이 자연의 존재를 직접 느낄 수 있게 된다. 또한 유아 시절에 반려동물을 경험한 아이들이 감정이입 능력이 높고 성장 후 탁월한 사회성을 보인다는 것은 국내 대학에서 학위 논문으로도 발표된 바 있다.

목욕을 할 때는 단순히 씻는 행위만이 아니라, 물놀이를 하며 물의 느낌을 마음껏 누릴 수 있게 하는 것도 아이의 감각을 자극하는 공부가 된다. 유아에게 모든 놀이는 성장의 발판이라는 사실을 이해한다면 '유아교육'을 굳이 어렵게 생각하지 않아도 되므로 자녀와의 하루가 더욱 즐거울 수 있다.

아이는 놀이를 통해 많은 것을 생각하게 된다. 상황을 이해하고, 바람직한 해결책을 찾게 되며, 각각 서로 다른 기질의 친구들과 관계를 맺는 방법도 알게 된다. 아이들의 이러한 모습을 보면서 솜처럼 부드럽고 따뜻하게 아이들의 생각도 영글어가는 것을 느낄 수 있다. 우리 어른들의 역할은 이 사랑스러운 아이들의 성장에 맞는 환경을 만들어주고 사랑과 인내로 기다려주는 것이 아닐까?

아이가 우뚝 설 수 있도록 힘을 키우는 경험들

실패해도 좋아! 도전하고 극복하게 하자.

햇살이 너무도 뜨거워 숨이 막히던 여름 어느 날, 아이들과 선생님들이 모두 함께 특별한 작전을 세웠다. 시원한 물놀이와 함께

아이들이 새로운 도전을 펼칠 수 있는 놀이였다. 이른바 '미꾸라지 구출 작전'이 그것이다.

수영장에 아이들 무릎 높이의 물을 채워놓고 미꾸라지를 풀어 놓았다. 물에 들어간 아이들로부터 재미있는 반응이 터져나온다. 미꾸라지가 징그럽다고 비명을 지르는 아이, 두 손으로 잡으려고 할 때마다 놓치는 바람에 속상해서 소리 지르는 아이, 기어코 잡아 내고서는 즐거워 선생님을 외쳐 부르는 아이 등등……

모든 아이가 능숙하게 미꾸라지를 잡을 수는 없다. 스치기만 해 도 징그러워하고 무서워하는 아이들에게 당장 목표를 이루라고 하 는 것은 가혹한 일이다. 오늘의 실패 경험이 아이들에게는 또 다른 무용담이 될 것이고, 그 경험이 뿌리가 되어 다음번에는 반드시 성 공의 열매를 맺게 한다.

씩씩하게 미꾸라지를 곧잘 잡아내는 아이들도 있다. 하지만 그 런 아이들조차도 실패의 경험 없이 능숙함을 얻은 것은 아니었다. 이렇게 실패를 딛고 일어서는 아이들은 끊임없이 도전하고 위기를 극복하는 마음의 힘을 기르게 된다.

행복한 아이들이 성공하는 미래를 가진다. 변화의 물결이 아무 리 거칠게 요동친다 해도, 몸과 마음이 단단해진 아이들은 자신의 운명에 가뿐히 올라탈 것이다. 그것이 바로 내면의 힘이다.

휴일을 보낸 아이들이 등원하는 월요일이면, 마주치는 아이들에게 정겨운 인사와 함께 묻는 말이 있다.

"휴일 즐겁게 보냈어요? 뭐하고 지냈어요?"

그럼 질문을 받은 아이들이 환하게 웃는 얼굴로 대답해준다.

"엄마랑 아빠랑 백화점에 가서 맛있는 것도 먹고 옷도 샀어요."

"아빠가 골프 치러 가셔서 엄마랑 둘이 영화 봤어요."

"할머니네 집에 가서 밥 먹었어요."

"엄마랑 아빠랑 저랑 텔레비전 보고 놀았어요."

순수한 영혼을 가진 아이들은 아무런 가감 없이 있는 그대로 나에게 자신만의 휴일 이야기를 들려주곤 한다. 곁에 있던 다른 아이들도 내가 만든 이 대화의 시간에 스스럼없이 끼어드는데, 둘만의 대화는 어느새 좌담이 되어 시끌벅적한 체험 발표회가 되기도 한다.

"어? 나도 할머니네 갔다 왔는데……."

"우리 아빠는 하루 종일 쿨쿨 잠만 잤어요."

"너 백화점 갔었어? 나는 마트 갔다 왔어."

"너네 아빠는 골프 쳐? 우리 아빠는 낚시 간다고 엄마한테 혼났는데!"

와글와글 아이들이 한마디씩 털어놓으면 곁에서 듣고 있던 나의 머릿속에는 마치 영화의 장면이 스크린에 보여지듯 아이들의 휴일이 자연스럽게 그려진다. 어려서 아무것도 모를 것이라는 어른들의 생각이 얼마나 위험한 발상인가? 아이들은 무서우리만큼 눈에 보이는 모든 것을 머리와 가슴으로 받아들인다.

아이들이 이렇게 들려주는 휴일 이야기 중에서도 특히 다른 친구들의 부러움을 사는 것들이 있다. 아주 특별한 체험을 하고 온 경우가 그렇다.

"원장 선생님, 이거…… 이거…… 저랑 아빠랑 둘이서 잡은 돌게로 만들었어요."

똑똑. 경쾌한 노크 소리와 함께 머리를 쫑쫑 땋아 묶은 유경이가 방으로 들어와서는 작은 반찬통을 하나 내밀며 말했다.

"어머나! 돌게를 잡았어요? 언제요? 어디서 잡았어요?"

수줍음이 많은 유경이가 나의 말에 생긋 웃으며 어깨를 으쓱해 보였다. 지난 휴일에 즐거운 추억을 만들고 돌아온 것이 분명했다.

"아빠랑 엄마랑 저랑 제부도 갔어요. 거기서 아빠랑 게를 잡았는데요. 이름이 돌게예요. 그리고 엄마가 간장을 넣고요. 맛있는 간장게장을 만들었어요."

"우와! 유경이는 그럼 일요일에 아빠랑 엄마랑 제부도에 가서 게를 잡고 재미있는 추억을 만들었네요. 선생님은 돌게를 몰랐는데 유경이 덕분에 알게 되었어요. 진짜진짜 고마워요."

내가 설마 돌게를 몰랐을까! 어린 유경이가 아빠와 추억을 만들고 자연을 학습하며 '돌게'를 배워온 것이 기특하여 약간의 거짓말을 했다. 유경이의 얼굴이 환하게 밝아졌고 매우 행복한 표정으로 아빠에게 배운 돌게에 대한 이야기를 들려주기까지 했다.

"여기 돌게 배에 딱지가 길쭉하면 남자구요. 딱지가 둥그렇게 생기면 여자예요."

손으로 자신의 배를 가리키며 게의 암수를 구분하는 법을 알려주는 유경이를 보며 부모와 함께하는 이런 경험들이 얼마나 값진 것인지 새삼 깨달았다. 이런 경험들은 아이의 잠재력을 표출시키고 나아가 호기심과 관찰 능력을 자극하여 증폭시킴으로써 두뇌 발달에 큰 영향을 끼친다.

아직 어린 나이의 유아들은 한 가지 길이 정해지지 않은 다양한 가능성을 지닌 원석 같은 존재다. 부모가 여러 분야의 경험을 갖게

해주는 것은 아이들이 여러 방면의 잠재력을 쌓게 건드려주는 것과 같다. 많은 경험을 통해, 먼 훗날 결국 자신이 나아갈 길을 정하게 되는 것이다.

오감으로 배운 첫 번째 언어, W.A.T.E.R '물'

"어떤 기적이 일어나 내가 사흘 동안 볼 수 있게 된다면……."

이렇게 시작되는 시각장애인이자 청각장애인이었던 헬렌 켈러 여사의 회상은 다음과 같이 이어진다.

"먼저, 어린 시절 내게 다가와 바깥세상을 활짝 열어 보여주신 사랑하는 앤 설리번 선생님의 얼굴을 오랫동안 바라보고 싶습니다. 선생님의 얼굴 윤곽을 보고 기억하는 데서 그치지 않고 그것을 꼼꼼히 연구해서, 나 같은 사람을 가르치는 참으로 어려운 일을 부드러운 동정심과 인내심으로 극복해낸 생생한 증거를 찾아낼 겁니다."

태어나 19개월이 되었을 때 뇌척수막염을 앓았던 헬렌 켈러는 그 후유증으로 청각과 시각을 잃게 되었다. 청각을 잃었으니 언어를 들을 수 없었고, 들을 수 없었으니 입으로 발성할 수도 없었다.

장애를 가진 탓에 응석받이로 자란 그녀는 만 일곱 살이 되기 3개월 전에 설리번 선생님을 만났고, 선생님과의 전투 같은 일상생

활 끝에 배운 첫 번째 단어가 바로 '물', 'Water'였다.

설리번은 헬렌에게 물을 어떻게 가르쳤을까? 듣지 못하는 아이가 자신이 수화로 가르쳐주는 단어가 바로 '물'을 의미한다는 것을 어떻게 깨우치게 하였을까?

설리번은 자신을 거부하고 반항하는 헬렌을 끌다시피 마당으로 데려갔다. 펌프 앞으로 헬렌을 데려간 그녀는 헬렌의 두 손 가득 물을 펌프질해주고는 수화로 한 글자씩 또박또박 'Water'라고 알려주었다. 그러기를 몇 번, 헬렌의 보이지 않는 눈앞에 섬광과 같은 깨달음이 펼쳐졌다. 활짝 열린 그녀의 오감은 설리번이 지금 말하고 있는 것, 눈으로 볼 수는 없지만 자신의 마음 가득 분명하게 보이도록 해주고 있는 것, 그것이 바로 물이라는 것을 비로소 깨닫게 된 것이다.

한 번도 물을 볼 수 없었던 아이, 단 한 번도 물이라는 단어를 들어볼 수 없었던 아이는 그렇게 자신의 오감을 통해 태어나 첫 번째 단어를 깨우쳤다. 그렇게 되기까지 첫 번째는 설리번의 사랑이 있었고 두 번째는 그녀의 오감이 깨어 있었기에 가능했다.

사람의 두뇌는 20년이 걸려야 모든 신경회로가 완성된다고 한다. 그중에서도 영유아기에 가장 빠른 속도로 성장을 하여 350그램이었던 뇌가 1,000그램이 넘게 발달한다. 그러므로 이 시기에 부모와 함께하는 다양한 경험이 아이의 두뇌 발달에 지극한 영향을 끼치게 되며 더욱 긍정적인 발달을 꾀할 수 있다.

다만, 두뇌 발달을 돕겠다고 억지로 학습시키는 것은 바람직하지 못하다. 아이는 언제나 '즐거운 놀이'를 통해 효과적인 학습 발달을 이룰 수 있으며, 그것이 바로 두뇌 발달로 이어진다.

아이의 오감을 깨우는 기술은 바로 부모의 노력과 사랑이다. 다시 말하자면, 행복한 유아기를 보낸 아이가 똑똑하고 머리가 좋다고 할 수 있겠다.

미래 사회의 인재,
마음(인성)이 바탕이다

"그냥 장난으로 그런 건데⋯⋯."

다수의 중학생이 한 아이를 왕따와 집단 폭력으로 장기간 괴롭히자, 피해자인 아이가 우울증으로 자살을 시도했다. 가해자인 아이들은 장난이었다고 했다. 장난이었으니 나쁜 행동이라고 생각하지 않았다며 반성의 기미를 보이지 않았다. 더러는 뒤돌아서서 짜증을 냈다. 곧 기말고사인데 어떻게 하느냐는 아이도 있었고, 중학교 2학년이고 만 14세이니 처벌은 없을 거라며 의기양양해하는 아이도 보였다.

지인의 딸이 겪은 일로, 실제 상황이었다. 다행스럽게도 자살 시도는 실패로 끝나 우울증 치료와 함께 가해 학생들을 고발하며 사태를 수습했지만 그렇다고 문제가 완전히 해결된 것은 아니었다. 가해자 아이들의 인성을 바로잡을 교육은 미비했고, 피해자인 지인의 딸은 타교로 전학을 가야만 했다. 2차 보복 폭행이 우려되었기 때문이다.

뉴스로만 보아왔던 아이들의 학교 폭력 문제가 더 이상 남의 일이라고만 할 수 없는 사회악이 되어버린 지 오래다. 더 서글픈 현실은 아이들이 선악을 구별하지 못한 채 모든 것을 재미있는 장난으로 여긴다는 사실이다. 뒤늦게 반성한다고 해도 어느 쪽이건 치유되기 힘든 상처로 남으니 이 또한 서글프다. 정말 그럴 줄 몰랐던 아이들은 자기들 말대로 '장난'이었던 행위로 누군가를 죽음으로 몰았다는 굴레를 평생 갖고 가야 한다.

잘못인 줄 모르고 있다는 것도 충격적인 이야기이지만, 잘못인 줄 알면서도 버젓이 악행을 저지르는 인간적이지 못한 일들은 또 얼마나 세상을 시끄럽게 하는가. 사람을 살해하면서도 아무런 죄책감을 느끼지 못한다는 사이코패스나 잘못인 줄 알면서도 뇌물을 받아 챙기는 공무원들의 비리 등은 이제 너무도 흔한 뉴스가 되어버렸다.

크게는 이런 놀라운 뉴스들부터 작게는 나의 이익을 위해 남의 불행을 모르는 척하는 것들까지, 요즘의 세상은 살기 무섭다는 생각을 갖게 만든다.

"딸 키우는 것이 너무 무서워요."

“위험해서 애들을 어떻게 밖에 내놓겠어요.”

“요즘 애들이 왕따에 폭력까지 쓰니 함께 어울리게 하는 것도 걱정스러워요.”

아직 미취학 아동을 둔 어머니들이지만, 세상을 들끓게 하는 뉴스가 터져나올 때마다 이런 걱정과 염려로 근심 어린 속내를 털어놓곤 한다.

유감스럽게도 나는 이 세상을 바로잡을 수 있는 능력을 가진 위대한 신이 아니다. 하지만 어떻게 하면 될지 어머니들께 명쾌한 조언을 드릴 수는 있다. 그것은 바로 우리 스스로부터 달라지는 것이고, 우리 아이들이 부모를 본받아 저마다 마음을 부드럽고 포근하게 하여 솜처럼 따스하게 하면 된다.

“어머니께서 달라지시면 돼요. 그리고 우리 아이들이 마음을 단단히 하고 주도적인 삶을 살면 세상을 바로잡을 수 있지요. 적어도 우리 아이들이 살아가는 세상은 따뜻할 거예요.”

대개의 어머니들은 나의 말에 수긍하며 웃어주신다. 또 간혹은 ‘설마 그게 가능하겠어요?’라는 표정으로 고개를 갸웃하신다. 하지만 나는 부모님들께 매번 열심히 말씀드린다. 우리 아이들이 지금의 천사 같은 마음을 유지하고, 무엇이 옳고 그른지, 무엇이 선한 것이고 악한 것인지 배운다면 세상은 달라진다고……. 그 천사 같은 마음이 있는 우리 아이들은 분명 남을 배려하고 이해하며 공감하는 따뜻한 인간으로 성장할 것이 분명하기 때문이다.

유아기는 인성 발달의 바탕이며 적기(適期)이다

유아기에 매우 **빠른** 속도로 두뇌 발달이 이루어진다. 그중에서도 인간성, 도덕성 등 인간을 인간답게 하는 기능을 담당하는 전두엽은 만 3~6세의 시기에 폭발적으로 발달한다. 그러므로 유아기에 인성교육이 잘 이루어진다면 인간미 있는 바른 어른으로 성장할 수 있다. '세 살 버릇이 여든 간다'는 말처럼 이 시기에 아이가 받아들인 참된 인간미가 평생을 좌우하기 때문이다.

만 3세

한창 재롱을 피워 어른들을 즐겁게 하는 시기인 만 3세가 되면 아이들의 관심이 타인에게로 향한다. 이때가 바로 "왜요?" 하는 질문을 시작하는 시기이다. 끊임없이 이어지는 "왜요?"에 주변 어른들이 웃음을 터뜨리기도 한다. 아이들은 호기심이 넘쳐나며 자신 외에도 타인의 행동이나 습관에 "왜요?"를 연발한다. 이유가 알고 싶고 목적이 궁금한 것이다.

또 하나의 특징은 상상놀이가 나타난다는 것이다. 장난감을 갖고 놀면서도 단지 갖고 노는 것이 아닌 어떠한 상황을 머릿속에 이미지화한다. 아이들이 서로 역할을 만들어 소꿉장난을 하는 것이 우리가 흔히 볼 수 있는 상상놀이다. 목욕을 하면서 물고기 인형을 띄워놓고 바닷속 나라를 만들어내는 것도 상상놀이다. '생각'을 하게 되고 보거나 만지지 않아도 무엇인가에 대해 깊이 생각할 수 있다는 것을 스스로 깨우친다.

상상놀이를 도울 수 있는 부모님의 역할

• 주제를 바꿔가며 이야기 꾸미기를 해보세요.

"목욕탕에 가면? 수도꼭지도 있고(유아), 때수건도 있고(엄마), ……."

"히말라야에 가면? 눈 덮인 산이 있고(유아), 정상에 꽂는 깃발이 있고(엄마), ……."

• 허구의 상황에서 무엇을 할 수 있는지 상상놀이를 해보세요.

"지금 우리 집에 티라노사우르스 공룡이 들어온다면?"

"꺅! 엄마는 밟혀서 납작해져요. 아빠는 큰 방문을 닫고 못질을 할 거예요. 못 나오게요."

만 4세

만 3세를 거친 아이는 4세가 되면 원인과 결과를 때때로 혼동하는 모습을 보이기도 한다. 직관적으로 생각하고 행동하지만 차분히 이야기하고 세밀하게 설명할 수 있는 사고 능력과 언어 능력도 갖추게 된다. 아울러 가능한 것과 불가능한 것의 구분이 더욱 다양해지며 믿음과 소망에 따라 행동이 달라져야 한다는 것도 안다.

아이가 원인과 결과를 혼동할 때 부모가 보여줄 수 있는 행동이나 조언은?

너무 옳고 그름, 원인과 결과를 찾는 것은 바람직하지 않다. 이 시기에는 기억이 오래가지 않고 정보와 언어 표현이 정확하기 어려운 시기이다. 최선을 다해 아이가 표현했다면 인정해주고, 부모가 수용하는 표현을 하도록 한다.

만 5세

나의 생각이 남과 다를 수 있음을 이해하게 되는 시기이다. 아이는 이미 자신이 거친 발달 과정을 통해 행동으로 나설 준비가 되어 있다. 그래서 궁금한 것은 적극적으로 해결하려고 하고 탐구력이 증가하게 된다. 만 3세 때 "왜요?"라고 묻기만 했지만 이제는 호기심을 직접 충족하려 든다. 어쩌면 휴대전화 속이 궁금하다고 열어볼지도 모른다. '부수는 행위'가 아니다. 마음 가득 떠오르는

온갖 물음표에 해답을 찾기 위해 적극적으로 나서는 것뿐이다. 이렇게 탐구심이 강해지기에 점차 논리적 성향을 보이게 된다.

탐구 정신이 강해진 아이의 욕구를 충족시킬 수 있는 놀이나 양육법을 예로 들어주세요.

에너지를 많이 사용하도록 신체적 놀이를 자주 한다. 실컷 뛰고 달리고 땀 흘리며 놀이하면, 다음 활동에 집중력도 높아진다. 또 아이 스스로 탐구할 수 있는 환경을 제공(책)하여 궁금한 것을 찾고, 찾은 것을 표현할 수 있도록 기회를 주는 게 좋다.

인성 발달에 미치는 부모의 양육 태도

이처럼 유아기에 인성 발달의 바탕이 되는 성장 특징을 뚜렷하게 보이지만 가장 큰 영향을 끼치는 것은 부모의 양육 태도다. 가장 많은 시간을 함께 보내는 부모를 통해 인성을 배우기 때문이다. 부모의 양육 태도에 따라 자신감과 자존감이 높아지게 되고 스스로를 통제하는 힘을 기를 수 있다. 아울러 부모의 행동을 바탕으로

공평하고 합리적인 사고를 할 수 있게 되며, 스스로 할 수 있는 능력과 책임감도 기를 수 있다. 이때에 부모와의 애착관계가 잘 형성된 유아라면, 돈독한 애정을 바탕으로 신뢰와 존중도 배울 수 있다. 특히, 타인과 좋은 관계가 형성된 부모의 말과 행동은 아이에게 인성 교과서가 된다.

올바르지 못한 부모의 양육 태도에는 두 가지 유형이 있다. 첫째는 권위주의적인 부모이고, 둘째는 지나치게 허용하는 부모이다.

권위주의적인 부모 밑에서 자란 아이는 정직하지 못한 행동을 할 수 있다. 실수를 용납하지 않고 매를 들어 꾸짖는 부모이기 때문에 두려움에 감추다 보니 정직할 수 없는 것이다. 또한 부모의 이러한 권위주의적인 태도를 배워 친구들에게도 같은 행동을 하며 존중할 줄 모르는 아이가 된다. 타인의 마음을 이해하고 공감하는 것이 부족한 것은 당연하다. 또한 자존감이 낮은 어른으로 성장하게 된다.

지나치게 허용하는 부모의 경우도 큰 문제가 된다. 자제력과 탐구심의 발달이 매우 낮게 이루어지며 자신에 대한 신뢰감이 떨어진다. 아이가 스스로 성취감을 가져본 적이 없고 부모가 모두 대신해주는 삶을 살고 있으므로 책임감이 부족하게 된다. 마찬가지로 타인에 대한 양보나 배려가 매우 떨어진다. 모든 것을 해주고 허용하는 부모 밑에서 자랐기에 양보라는 것을 알 수 없었기 때문이다.

양보를 모르니 배려심이 없는 것 또한 당연하다. 염려스러운 것은 자신을 통제하는 힘이 부족하다는 점이다. 허용만 받았던 아이는 자신의 욕구를 억제할 줄 모르며 감정을 조절하거나 자신의 행동을 통제하기 어렵다.

권위주의적 양육 태도

- 부모의 생각대로 따라야 한다고 여기며 키우는 부모
- 아이가 잘못하면 매를 들어서라도 엄하게 대하는 부모
- 아이의 생각과 상관없이 부모가 알아서 모든 것을 결정하는 부모
- 아이의 실수를 용납하지 못하는 부모

허용적인 양육 태도

- 아이한테 무엇이든지 다 해주면서 키우는 부모
- 아이가 기죽지 않도록 잘못해도 꾸짖지 않고 지나치는 부모
- 아이가 원하고 좋아하는 것을 모두 사주는 부모
- 아이가 어리다고 부모가 나서서 모두 해결해주는 부모

좋은 인성을 발달시키기 위해서는 아이를 존중하고 민주적으로 양육해야 한다. 아이의 마음을 읽어주는 부모의 노력이 항상 필요하다. 어리지만 아이의 의사를 존중해주고 무조건 허용하는 것이

아니라 상황에 따라 아이가 이해하고 받아들일 수 있도록 해주어야 한다. 경우에 따라 제한적 선택을 하게 함으로써 타협도 배우게 한다.

제한적 선택

• 상황 1. 형제끼리 같은 장난감 하나로 다툴 때

먼저 형제 각각의 이야기를 들어본다.

형은 동생 입장에서, 동생은 형의 입장에서 서로를 생각하게 해본다.

형도 이 장난감을 좋아하는데, 동생도 같은 마음임을 이해시키고 서로에게 양보 의사를 묻는다.

만약 양보의 마음이 서로 없다면, 시간을 정해놓고 가지고 놀도록 선택하게 한다.

형이 먼저 혹은 동생이 먼저라고 순서를 정해주고 약속 시간이 되면 반드시 다음 형제에게 건네주도록 한다.

• 상황 2. 마트에서 과자를 너무 마음대로 고르는 아이

한꺼번에 과자를 많이 먹으면 안 되는 이유를 설명한다.

과자를 사주겠지만 몇 가지 중에 딱 한 가지만 선택하기로 미리 약속을 정하자.

보여주는 부모, 거울이 되자

♥

"선생님, 제가 도울게요!"

점심시간이 되면 시키지 않아도 제일 먼저 나와 선생님을 돕겠다는 마음 따뜻한 유아가 있었다. 선생님만 돕는 것이 아니다. 교구 수업을 마치고 정리정돈할 때는 자기 것이 정리가 되면 다른 친구의 것도 스스로 도왔다.

"내가 도와줄게. 정말 무겁겠다."

"제가 친구들 물컵까지 가져갈게요."

"제가 친구들에게 귤 나눠줄게요."

"심부름 제가 할게요."

꼬마천사 동현이는 늘 '제가 할게요'라는 말을 입버릇처럼 달고 살았다. 그뿐만이 아니었다. 운동장에서 체육 수업을 하다 넘어지는 아이가 있으면 얼른 부축해 일으켜주며 이렇게 말했다.

"괜찮아? 정말 아프겠다. 조심해야지."

곁에서 지켜보던 선생님이 기특한 동현이에 대해 이야기를 들려줄 때마다 나 자신도 놀라곤 했다. 아이들이 천성적으로 타고나는 잠재력과 마음이 있다지만 그것만으로 단정하기에는 아이의 인성이 어른도 따라가지 못할 만큼 놀라웠다.

"동현아, 동현이는 유치원에 오지 않는 휴일에 뭐하고 지냈어요?"

담임 선생님한테 늘 동현이에 대한 칭찬을 듣곤 했었는데, 어느 날 둘만의 대화 시간이 생겼다. 화장실에 다녀오는 동현이가 슬리퍼를 가지런히 제자리에 놓는 것을 보고는 말을 건넸다.

"원장 선생님, 안녕하십니까?"

동현이는 나를 보자 대답하기 전에 먼저 인사를 건넸다. 두 손을 가지런히 모아 배꼽에 맞춘 후 허리를 숙여 인사하는 모습에 나도 모르게 감탄이 흘러나왔다.

"동현이는 인사를 정말 예쁘게 하네요. 선생님도 배워야겠어요."

"고맙습니다. 저는 어제 엄마랑 봉사 활동을 했어요."

칭찬을 받은 동현이가 환하게 웃으며 말했다. 어린 동현이가 봉사 활동을 했다는 말이 놀라웠다.

"봉사 활동이요? 엄마하고요? 그랬군요. 정말 좋은 일을 하고 왔네요. 동현이는 그럼 어떤 일을 하고 왔는데요?"

"엄마는 할머니들이랑 할아버지들 목욕도 시켜드리고 옷도 갈아입혀주셨구요. 저는 노래 불러드렸어요."

또박또박 엄마와 함께했던 봉사 활동에 대해 이야기를 들려주는 동현이를 꼬옥 안아주었다. 한 달에 한 번씩 인근 노인전문병원으로 봉사 활동을 다닌다는 이야기를 나중에 동현이 엄마에게 들을 수 있었다. 그제야 그동안 내가 받았던 동현이의 카드들이 자연스럽게 연결되었다. 소소한 일상에서도 감사함을 전하는 카드들이

었다. 동현이의 어머니가 함께했던 것이 분명하다.

항상 친구들을 배려하고 윗사람에게 단정한 몸가짐으로 인사를 하던 습관들은 부모님을 통해 자연스럽게 배운 것이었다. 게다가 행동이 이미 습관화되어 있는 동현이는 경이롭기까지 했다. 같은 아파트에 사는 동네에서도 소문이 자자했다니 이해가 간다.

한번은 유치원에 손님들이 방문한 적이 있었다. 유아교육 관계자들로, 타 유치원의 원장님들도 계셨다. 그런데 마침 동현이가 손님들과 마주쳤는데 걸음을 멈추고는 예의 그 단정한 몸가짐으로 곱게 인사를 건넸다.

"안녕하십니까? 좋은 하루 되십시오."

어찌나 정중하고 예쁘게 인사를 하던지 손님들의 얼굴에 웃음

꽃이 피었고 한참을 동현이 칭찬만 하느라 입이 마를 지경이었다. 사실, 아이들에게 손님을 만나면 반드시 인사를 하라고 가르치고 있지만 어린아이들이 수줍음으로 머뭇거리는 것도 당연하다고 생각한다. 하지만 인사는 사람과 사람 사이에 관계를 맺는 첫 번째 시도로, 상대방의 마음을 부드럽게 열어주는 효과가 있다. 동현이의 고운 인사가 얼마나 큰 반향을 일으켰을지, 또 평소에 얼마나 많은 사람에게 사랑받을지 짐작하고도 남을 일이다.

"어머님께서 항상 좋은 일을 하시고, 어렵고 힘든 분들을 위해 지속적으로 봉사 활동을 하시니, 동현이의 몸가짐과 마음도 예쁘게 닮아가고 있어요. 친구들과 다툼도 없고 모두가 동현이를 사랑하고 좋아해요."

이렇게 말씀드리자 겸손한 어머니는 도리어 내게 감사를 전하셨다.

유아교육을 하며 부모님들께 하는 이야기들 중 빠지지 않는 것이 부모는 자녀의 거울이라는 말이다. 아이에게 예쁜 모습을 보여주는 어머니가 성품이 고운 자녀를 만든다.

인성을 갖춘 동현이의 앞날은 어떠할까? 착하게 살면 손해라고 말하는 요즘의 세상은 정말 서글프다. 지나가는 말이라도 이런 말은 자녀에게 적당히 남을 딛고 일어서라는 의미로 전달된다. 착하게 살면 손해이니, 손해 보지 말고 제 몫을 챙기라는 가르침도 된다.

“피곤하고 힘들지만 어르신들 뵙고 오면 정말 마음이 즐거워져요. 집에 올 때 선물을 한아름 받아 오는 기분이 들어요. 이상하게 배부르고 행복하거든요.”

봉사 활동을 하는 것이 기쁘다는 동현 어머니의 말씀 속에서 동현이의 미래를 보게 된다. 물질로 인한 기쁨이 아니라 삶의 진정한 기쁨을 알게 된 동현이는 언제 어느 곳에서라도 분명 행복한 사람일 것이다.

나는 오래전 만난 동현이와 동현이 어머니의 이야기를 아직까지도 다른 어머님들께 인성교육의 모범 사례로 꼭 소개한다. 행복한 삶, 참된 사람으로 살아가야 할 우리 아이들에게 어떻게 하면 그럴 수 있는지 우리 부모들이 거울이 되어 보여줄 때다. 가르치지 않아도 거울을 본 아이들이 스스로 배울 것이다.

3.
아이는
무엇으로 성장하는가?

나는 어렸을 때부터 아이를 무척 좋아했다. 이웃집 아이가 너무도 사랑스럽고 귀여워 어린 나이에도 업어주고 돌봐주는 것을 즐거할 정도였다. 돌이켜보면 나의 그런 기질이 오늘날의 내가 되는 바탕이 된 것이 아니었을까 싶다.

유아교육을 사명처럼 받아들이고 있는 지금의 내가 되기까지 많은 것을 경험하고 배웠지만 그중에서도 나의 가슴에 깊이 받아들인 원칙이 분명히 존재한다. 나는 그것을 '마음교육'이라는 이름으로 말하고 있다.

'마음교육'은 하버드대학교 교육심리학자 브루너의 발견학습에 기초한 것으로, 일곱 가지 목표인 이른바 피카소(PICASSO)를 두고 있다. 브루너가 자신의 명저 『교육과정(*The Process of Education*)』에서 주창한 발견학습 이론은 교사의 지시 및 역할을 최대한 줄이고 아이들 스스로 자발적 학습을 통해 주어진 학습 목표를 달성하게 한다는 내용이다. 일곱 가지 목표 피카소는 다음과 같다.

- 문제 해결력(Problem-solving)

- 독립심(Independence)

- 집중력(Concentration)

- 자율성(Autonomy)

- 자아 존중(Self-esteem)

- 사회성(Sociality)

- 창의성(Originality)

이제 '하진옥의 마음교육 일곱 가지 목표'를 자세히 들여다보자.

문제 해결력

문제 해결력이란 말 그대로 어떠한 문제 상황에 이르렀을 때 스스로 잘 해결해내는 능력을 말한다. 이러한 문제 해결 능력은 6~7세부터 키워주는 것이 바람직하다. 이 시기의 아이들은 스스로 무언가를 해내기를 좋아하고 주장하기 때문이다. 아이를 키워본 엄마라면 "내가 할게!"라고 고집하며 스스로 옷을 입거나 마음에 드는 신발을 골라 신는 등의 모습을 기억할 것이다.

처음 혼자 무언가를 해보려는 아이들이니, 당연히 서투르고 실수투성이이다. 신발의 오른쪽 왼쪽을 바꿔 신을 수도 있고, 혼자 입겠다고 뒤집어쓴 셔츠의 앞뒤가 바뀌었을 수도 있다. 아이들의 성장 과정에서 이러한 깜찍한 행동은 매우 중요하다. 부모가 어떻게 대처하느냐에 따라 문제 해결력이 잘 발달될 수 있기도 하고 그렇지 못할 수도 있다.

만약 아이가 스스로 하는 것이 미덥지 못하거나 마음에 들지 않아 부모가 대신 해준다면 어떻게 될까? 아이는 부모의 지적으로 인해 좌절하게 되고 실망하게 되며 이는 곧 열등감으로 자리 잡게 된다. 곧, 스스로 하는 것에 자신감을 잃은 아이는 부모나 타인에게 의지하는 성향을 보이게 된다.

자녀를 '마마보이', '마마걸'로 키우고 싶지 않다면 어려서부터 부모가 전적으로 아이의 모든 것을 대신 해주려는 마음을 버려야 한다. 자녀는 언젠가는 독립해서 자신의 삶을 살아가야 할 존재다. 성장기의 자녀들은 육체적인 성장만이 아닌 마음의 성장까지 이루어야 한다. 빨리 건강하게 자라라고 몸을 부모 마음대로 늘일 수 없듯, 마음 또한 그렇다. 성장에 좋은 영양분을 골고루 섭취한 아이가 건강한 신체 발달을 이루듯, 마음의 성장을 이룰 영양분도 필요하다. 이것은 부모가 직접 개입하지 않고 적절한 환경을 만들어 주는 것으로 가능해진다. 식물이 자라날 때 흙과 물뿐만이 아니라

햇빛과 바람이 필요하듯 말이다.

어떻게 해야 할까?

지켜봐주는 인내의 마음이 필요하다. 어떻게 하는지 방법을 알려줌으로써 아이가 스스로 할 수 있는 기회는 더욱 늘어난다. 문제 해결 능력을 키우는 가장 좋은 방법 중 하나가 바로 기회를 제공하는 것인데, 아이가 스스로 나서서 기회를 만들기도 하지만 부모가 조금씩 부여해주는 방법도 좋다. 그리고 어떤 경우에라도 아이가 실수하거나 실패했을 때 관대한 모습을 보이는 것을 잊지 말자.

"괜찮아. 엄마도 어렸을 때 그랬어."

"속상하겠네. 그래도 괜찮아. 엄마가 도와주면 다음엔 혼자 잘할 수 있어."

"오늘 처음 해본 거잖아. 다음엔 잘할 수 있어."

실수에 관대한 부모가 주도적인 삶을 살아가는 자녀를 만든다. 실수와 실패를 통해 아이들은 문제에 당면했을 때 어떻게 해결해야 할지 진지한 마음의 통찰력을 키우게 된다. 필요한 것은 곁에서 끊임없는 사랑의 목소리로 격려하며 기다려주는 부모의 역할이다. 그리고 기어이 딛고 일어서 혼자 힘으로 해결했을 때 아낌없는 칭찬을 해주면 된다. 실패를 두려워하지 않는 마음, 하나씩 해냈을 때 이루어낸 기쁨과 그로 인한 자기 확신은 문제를 척척 해결해내는 특성을 키워준다.

아이가 혼자 힘으로 양치나 세수를 하고 있을 때를 생각해보자. 이를 지켜보는 엄마는 두 부류로 나뉜다. 서투르지만 개입하지 않고 지켜보다가 도움을 주는 엄마와 마음에 들지 않으니 대신 해주려고 개입하는 엄마다. "이리 줘봐. 넌 아직 못해. 쪼끄만 게 뭘 한다고!"라고 개입했다면, 아이가 빼앗긴 것은 칫솔이 아니라 스스로 성장할 기회라는 것을 알아야 한다.

엄마들이 이렇게 말하는 순간, 아이의 속마음은 부끄러움과 좌절감과 실망으로 가득 찬다. 또한 '나는 안 된다'는 자포자기가 싹트기도 한다.

"정말 혼자 할 수 있어? 와아, 우리 ○○이가 정말 씩씩하구나. 그럼 혼자 힘으로 해보렴. 힘들면 엄마가 도와줄게."

아이들이 바라는 것은 이렇게 격려해주는 엄마다. 당연히 서투를 것이다. 아이는 태어나는 순간 모든 것을 갖고 태어나지 않는다. 모든 것을 담을 수 있는 '그릇'으로 태어날 뿐이다. 서투른 아이에게 서투름을 지적하지 않고 나란히 서서 양치하는 모습을 보여주며 방법을 알려준다면 가장 효과적이다. 그것은 엄마가 대신 해주는 것이 아니라, 잘할 수 있는 새로운 기회를 부여해주는 것이기 때문이다.

이렇게 엄마가 해주던 것을 스스로 하기 시작하면서, 실수했을 때 그 문제를 해결해내는 경험을 통해 아이의 마음속에 독립심이 차곡차곡 쌓인다. 친구들과 어울려 놀이를 하는 것도 독립심에 영향을 준다. '부모와 함께'가 아닌 곁을 떠나 타인과 새로운 관계를 맺는다는 것 자체가 아이의 선택이고 의지이고 세상에 한 발 내딛는 것이기 때문이다.

아이가 자신의 힘으로 숟가락을 사용해 밥을 먹는 것을 응원하자. 반찬을 흘려 옷 좀 더러워지면 어떤가. 반복과 실수의 경험이 아이를 성장시킨다. '혼자서도 잘해요'는 동요이기만 한 것이 아니다. 아이들에게 '나도 할 수 있다'는 자신감을 심어주고 세상을 향해 우뚝 설 준비를 하는 마음의 바탕을 만들어준다.

또한 자연스럽게 아이에게 결정권을 주는 것도 좋다. 함께 장을 볼 때도 "오늘 저녁 반찬은 뭘 만들까? 오징어가 좋을까? 김이 좋을까?"라고 물어봐주자. 가족 모두 모인 식탁에서 "○○이가 오징어를 선택했는데 정말 맛이 있어요"라고 칭찬해주고 격려하자. 아이의 마음에 '나도 뭔가 할 수 있다'는 단단한 마음이 생긴다. 이 자신감들이 모여 아이를 독립심이 강한 어른으로 성장시킨다.

매일 아침 밥그릇을 들고 도망다니는 아이를 쫓아다니는 엄마, 혼자 힘으로 해보겠다는 아이의 손에서 기어이 칫솔을 빼앗아 드는 엄마, "넌 못해"라며 답답함을 참지 못하고 대신 해주는 만능 해결사 엄마……. 20년 뒤 이력서를 대신 써주고 있을지도 모른다.

집중력

집중력의 높고 낮음은 단지 학업 성취도, 즉 성적이 높고 낮음에만 연관되는 것이 아니다. 많은 부모가, 아이가 집중력이 낮아 공부를 못한다고만 생각하고 다른 문제는 관련 없는 것으로 오해할 수도 있다.

그러나 집중력이 낮고 산만하다는 것은 그만큼 사회성의 부족으로 이어져 여러 가지 문제점을 일으키곤 한다. 산만한 아이는 자신 외의 다른 사람이나 상황을 이해하고 가늠하지 못하며 배려하지 않는다. 자신의 충동에만 이끌려 행동하기 때문이다. 때문에 집중력이 낮은 아이는 감정 조절 능력도 부족한 경우가 많다. 당장의 충동을 스스로 조절하여 해야 할 일에 집중하는 모습을 보여야 하는데 그렇게 하지 못하는 것이다.

또한 집중력은 올바르게 발달되어야 한다. 예를 들어 책 읽기를 좋아하는 아이라고 한들 식사 시간이나 잠자는 것을 거르고 몰입한다면 올바른 집중력을 보인다고는 할 수 없다. 주어진 상황에 맞게 집중력을 억제하고 조절하는 능력 또한 좋아하는 것을 계속하고 싶은 충동을 조절하는 것과 일치한다.

좋아하는 것에만 너무 몰입하고 있다면 부모가 적절히 통제하고 간섭해주는 것이 바람직하다. 예를 들어 책 읽기는 두 시간만 한다거나, 식사 시간에는 책을 읽을 수 없다는 등의 생활 규칙을 함께 정하고 반드시 지키도록 해준다.

집중력이 떨어져 한 가지 일에 몰입하지 않는 아이는 놀이를 통해 자연스럽게 능력을 키워줄 수 있다. 실제로 유치원 내에서 수업을 하는 중에도 호기심이 많고 탐구심이 높은 아이들이 있다. 선생님의 이야기에 귀를 기울이지 않거나 모둠 활동에 참여하지 않고 이리저리 뛰어다니거나 다른 친구에게 말을 걸어 소란스럽게 하는 경우 등이 그렇다.

이럴 경우 우리 유치원의 담당 교사는 다정하게 아이를 불러 눈을 맞추고 아이와 함께 놀이를 시작한다.

"선생님은 ○○랑 예쁜 목걸이를 만들고 싶어요. ○○이가 함께 도와줄래요?"

아이는 선생님이 제안한 목걸이 만들기에 참여하고 가느다란 실에 구슬을 꿰기 위해 집중하기 시작한다. 물론 집중력이 떨어지는 아이들이 오래 지속할 리가 없다. 그러나 선생님은 잊지 않고 수시로 아이에게 다가가 함께 구슬을 꿰는 일에 참여한다.

"우와! 선생님이 다른 친구들 돕는 동안 이렇게 예쁘게 만들었어요? 정말 잘했어요. 그럼 선생님이 또 다른 친구들 도와주고 와도 될까요? 기다려줄 수 있어요?"

선생님의 칭찬에 성취감이 더욱 높아진 아이는 해바라기처럼 환하게 웃으며 전에 없던 집중력을 보이게 된다. 아이들은 언제나 '놀이'와 '칭찬'을 통해 배우고 익힌다는 것이 여실히 증명되는 순간이다.

주의할 것은 아이들에게 지나친 스트레스를 주는 것은 집중력을 떨어뜨리는 주요 원인이라는 점이다. 특히 어려서부터 학습지에 과도하게 매달리게 하거나 텔레비전 시청과 게임에 치중한 일상생활은 그 어떤 성장 발달에도 대단히 바람직하지 못한 결과를 낳는다.

아이를 쑥쑥 자라나게 하는 것은 효과적인 놀이라는 것을 잊지 말자. 현명하고 지혜로운 엄마는 공부도 즐거운 놀이로 만드는 마법을 구사한다.

자율성

자율성이란 스스로 선택하고 행동하는 힘이다. 이것은 한 인간의 삶에 매우 중요한 것으로 주도적인 삶을 살아가느냐 마느냐의 문제다. 쉽게 말해, 자율성이 있는 아이는 자신만의 꿈과 목표를 갖고 있다는 뜻이다. 꿈과 목표가 있으니 아이들은 열중하고 스스로 노력하며 집중한다. 또한 주도적인 삶을 살아가는 아이는 매사에 활기차고 즐거우며 행복하다고 온몸으로 말한다.

하지만 무조건 공부에 열중하라는 말은 아이들에게 아무런 동기부여가 되지 않는다. 하고 싶은 것, 되고 싶은 것, 자신이 원하는 소중한 꿈이라는 동기 없이 부모에게 등 떼밀려 하는 공부가 성적 외의 어떤 성취감을 줄 수 있을까. 배가 고프지 않으면 먹고 싶은 것도 없고 식욕도 없는 것과 다르지 않다. 무조건 해야만 하는 일이 많을수록 당연히 하루를 살아가는 것에 특별한 의욕이 있을 수 없다.

자율성은 부모나 환경에 의해 충분히 훈련되고 강화될 수 있다는 장점이 있다. 마음만 먹는다면 자녀의 다른 기질보다 쉽게 채워질 수 있다는 뜻이다. 방법도 그리 어렵지 않다. 자녀에게 선택의 자유를 주는 것이다.

아이가 아이스크림을 먹고 싶다고 말한다면, "딸기 아이스크림이랑 초콜릿 아이스크림이랑 둘 중에 어떤 것을 먹을래?"라고 물어보자.

숙제를 하면서 텔레비전을 켜놓고 있다면 "텔레비전을 보고 나서 숙제를 할래? 아니면 텔레비전을 끄고 숙제를 할래?"라고 아이에게 선택하게 하자.

　아이에게 선택할 기회를 준다는 것이 독립심을 키우는 것과 비슷하게 생각될 수도 있다. 크게 다르지 않다. 자율성을 가진 아이들이 주도적인 삶을 산다는 것 자체가 독립적인 아이로 성장한다는 것과 같다. 다만, 자율성을 기르기 위한 '선택'의 훈련은 그 선택에 '책임'이 따른다는 것을 함께 알리는 것이다. 하고 싶은 것을 모두 할 수 있다는 것이 아니라 자신이 올바른 선택을 하지 않았을 때 감당해야 할 책임, 올바른 선택을 했더라도 그 선택에는 따르는 책임이 있다는 것이 독립심과 구분된다.

　이러한 훈련은 아주 어린 유아기 때부터도 가능하다. 간식의 선택부터 읽고 싶은 책의 선택이나 장난감을 선택하는 것까지 다양하다. 따르는 책임도 분명하다. 간식을 먹은 뒤에는 양치를 반드시

해야 한다는 책임이, 책을 읽은 후에는 책장에 도로 꽂아둔다는 책임이, 장난감을 갖고 논 후에 정리한다는 책임이 있음을 알려주자. 그리고 아이가 자신의 책임을 완수했을 때에는 따뜻한 포옹과 함께 칭찬을 아끼지 말자.

그래도 어렵다는 마음이 든다면 이렇게 하자. 엄마의 마음속에서 '아직 어린데 뭘 할 수 있겠어?'라는 마음을 버리는 것이다. 또한 아이가 아무리 어려도 하나의 인격체임을 인정하고 의견을 소중히 받아주려는 배려심을 갖자. 이러한 마음에서부터 시작할 때 자녀와의 소통이 가능해진다.

자아 존중

자아 존중, 즉 자존감이란 자신을 사랑하고 아끼는 마음이다. 자신을 사랑하는 사람, 자신을 신뢰하는 사람은 매사 자신감이 넘쳐나고 활기차며 의욕적으로 행동한다. 성공한 사람, 세상에 긍정적인 영향을 끼치는 존경받는 리더들의 공통점은 자존감이 충만하다는 것이다.

또한 자신의 가치를 믿고 소중히 여기는 긍정적인 마음이 있는 사람은 타인을 배려하고 이해하는 마음도 풍부하여 사회적으로 원만한 대인관계를 형성한다. 이처럼 자존감은 우리가 살아가는 세상에서 지녀야 할 모든 잠재력과 다양한 인성의 바탕이 된다.

자존감은 '나는 무조건 옳다. 나는 최고다'라는 자만심과는 다르다. 자신이 가진 단점을 인정하는 관용적 태도를 보이며, 좌절하고 실망하여 우울해하는 것이 아니라 있는 그대로의 모습을 소중히 여기는 것이 자존감이다.

매일 찡그리는 표정을 하던 어느 어머니가 있었다. 처음에는 어머니의 건강이 좋지 않거나 집안에 좋지 않은 일이 있나 보다 했다. 그런데 유치원에서의 어느 날 그 자녀가 친구들과 놀며 이상한 반응을 보였다.

"너는 참 좋겠다. 예쁘고 날씬하고……."

"우리 집은 방이 두 개인데 너네는 네 개나 있어? 너무 부러워."

처음에는 그저 아이들이 흔히 나눌 수 있는 대화라고 생각했지만, 시간을 두고 관찰한 결과 아이의 내면으로부터 끊임없는 열등감이 터져나오고 있었다. 급기야 아이는 화장실 거울 앞에 서서 "난 너무 키가 작아. 못생기고 바보 같아"라는 말도 서슴치 않았다.

겨우 여섯 살 아이의 입에서 나온 이러한 말들은 나도 선생님들도 마음 아파하기에 충분했다. 대체 이 어린아이의 마음에 왜 이런 열등감이 자리 잡았을까 고민하고 그 답을 찾기 시작했다. 답을 알아내기까지는 그리 오랜 시간이 걸리지 않았다.

"우리 애가 유치원에서 말썽이라도 부렸나요? 아휴, 정말 선생

님, 보시다시피 제가 못나고 못 배우고 보잘것없는 사람이라서요. 그래서 애를 제대로 가르치지 못했어요.”

나는 그저 아무런 말도 꺼내지 않고 전화만 드렸을 뿐인데, 어머니의 입을 통해 나온 첫 마디는 너무도 놀라운 것들이었다.

“어머니께 상의 드릴 일이 있어 전화를 드린 것은 맞지만 아이가 말썽을 일으킨 것은 아닙니다. 궁금했던 것이 있었는데 이제 알 것 같아요. 괜찮으시다면 어머님을 뵙고 함께 아이를 위한 방법을 찾아보는 것이 좋겠습니다.”

어머니의 마음을 진정시키고 상담을 통해 도움을 드리기로 마음먹었다. 상담할 때도 어머니에게서 자신을 사랑하는 마음이나 자신감은 전혀 느끼기 힘들었다. 참 마음 아픈 일이었다.

어머니의 이런 모습은 분명 어머니의 어머니로부터 전해져왔을 것이다. 그리고 이제 다음 세대에게까지 대물림되고 있는 것이었다. 나는 어머니께 자신을 사랑하는 마음을 먼저 가져주기를 부탁드렸다. 늘 짜증 섞인 말투로 자신을 비약하고 멸시하는 모습은 아이가 그대로 보고 배울 수밖에 없다. 어머니부터 달라지는 것이 급선무였다.

어떻게 할까?

- 격려하라.

칭찬과 격려가 큰 도움이 된다. 이때의 칭찬이나 격려는 결과에 치중해서는 곤란하다. 아이의 칭찬은 늘 과정에 초점을 두어야 한다. 열심히 노력한 모습을 칭찬해주고, 최선을 다하는 것에 초점을 맞추자. 그런 의미에서는 무심히 지켜보는 것보다 격려를 해주는 것이 좋다. 자칫 결과에 무게를 두게 될 칭찬보다 노력하는 모습을 격려하는 것이 좋다.

• 부모부터 자존감을 높여라.

아이 앞에서 부모가 약한 모습을 보이는 것 또한 좋은 영향을 주지 않는다. 엄마와 아빠부터 마음을 굳건히 하고 자신을 사랑하는 모습을 보여야 한다. 자존감이 높은 부모는 아이 앞에서 자신을 미워하는 모습을 보이지 않는다. 부부 사이에 나누는 대화에서도 서로를 비난하거나 경멸 혹은 무시하는 듯한 말은 농담이라도 하지 않는 것이 좋다. 자존감에 부정적인 영향을 주는 것뿐만 아니라 아이도 부모를 같은 시각으로 바라보게 한다.

• 실패를 수용하라.

실패는 성공의 어머니라는 말처럼 아이가 겪는 실패의 경험은 성공에 이르는 과정이다. 관대한 마음으로 받아들여야 한다. 실패를 격려하고 위로하는 부모의 마음을 느낀 아이들은 좌절하지 않고 다시 일어설 용기를 갖게 되며, 한 번 실패했다고 영원한 실패자가 되는 게 아니라는 사실을 깨닫는다. 실패할 때마다 꾸짖고 화

를 낸다면 자녀는 자신을 미워하게 되고 사랑하지 못한다. 몸도 마음도 나약해지며 성공을 꿈꾸고 다시 도전하기보다 실패가 두려워 꿈마저 꾸지 못할 것이다.

"네 주제에……."

"네까짓 게 그럴 줄 알았어."

"그럼 그렇지. 네가 뭘 한다고……."

이런 비난의 말들은 모두 자녀를 기죽이고 좌절하게 하며 자녀 스스로를 미워하게 만드는 잔인한 말들이다.

• 아이의 부정적인 마음에 공감하고 행동을 구분하라.

아이는 속상하거나 화나는 일이 있으면 떼를 쓰면서 부모가 받아줄 때까지 우는 경향이 있다. 이렇게 부정적인 감정들을 보일 때는 마음을 읽어주고 공감해주어야 한다. 자녀 양육에서 가장 기본적인 자세는 마음을 읽고 공감해주는 것이다.

"울지 말라고 했지! 떼쓰지 마! 네가 어린애야?"

이런 말은 아이의 마음에 상처만 될 뿐이다. 우는 아이를 달래기 위해 화를 내는 것은 울음을 돋우기만 할 뿐이다.

"많이 속상하구나. 그런데 이렇게 울면서 이야기하면 엄마는 알아들을 수가 없고, 형이 공부하는 데 방해가 되잖니. 어떻게 하지? 울지 말고 차분하게 이야기해줄래?"

화내지 않고 마음을 어루만져주면 아이들은 자신의 의사를 표

현하기 위해 울음을 멈추게 마련이다. 만약 그래도 울음을 그치지 않는다면 "울음이 멈출 때까지 엄마가 기다려줄게"라고 해주자. 만일 공공장소에서 울고 있다면 일단 아이를 안아 밖으로 이동한 후 울음을 멈추기를 기다려주면 된다.

• 성공의 기쁨을 누리게 하라.

나를 사랑하는 마음, 나도 할 수 있다는 존재감은 성취감을 통해 더욱 두텁게 형성된다. 아이가 혼자 할 수 있는 작은 목표를 만들어주고 성공의 기쁨을 누리게 해주자. 작은 화분에 씨앗을 심고 물을 주어 꽃을 피우게 하는 것은 기다림의 즐거움과 혼자 힘으로 꽃을 피웠다는 성취감을 갖게 할 수 있다.

이러한 소소한 성공의 기쁨은 일상 어디에나 숨어 있다. 준비된 과일을 믹서에 넣고 버튼을 눌러 쥬스를 만든다거나 퇴근 후 초인종을 누르는 아빠에게 문을 열어주기 위해 열림 버튼을 누르는 등의 간단한 일들은 아이들에게 작지만 큰 성취감을 맛보게 하는 일들이다.

• 소중한 가족이 되었음에 감사하고, 사과할 것은 사과하라.

70억의 전 세계 인구 중에 엄마와 아빠가 만나게 된 것은 정말 감사할 일이다. 그리고 엄마와 아빠에게 소중한 아이로 태어나준 것에 정말 감사하고 기쁜 일이라는 것을 알려주자. 이 세상에서

최고로 훌륭한 엄마 아빠라거나, 이 세상에서 가장 예쁜 엄마 아빠라거나 하는 비현실적인 말보다는 이렇게 많은 사람 중에 가장 따뜻한 마음을 가진 엄마와 아빠가 만나 사랑하는 가족을 이루고 소중한 '너'를 얻게 되어 감사하고 있다는 말로 존재의 가치를 높여주자.

"내가 너 때문에 정말 못살아."

"넌 정말 골칫덩이야. 왜 이렇게 속을 썩이니?"

"내가 너 때문에 미쳐버릴 것 같아. 제발 네 방으로 가버려."

실수로라도 아이의 존재를 부정하고 멀리하는 이런 내용의 말을 했다면 상처받은 아이의 마음을 감싸주고 사과하자.

"엄마가 정말 미안해. 화가 나서 나쁜 말을 했어. 사실은 우리 OO이는 정말 소중한 내 아들(딸)이야. 엄마가 다시는 그런 나쁜 말을 하지 않을게."

어린 자식에게 사과하는 것에는 큰 용기가 필요 없다. 아이의 마음에 상처를 주었다면 따뜻하게 안아주고 미안하다 말해주자. 자녀에게 존재를 부정하는 말을 하는 것은 평생 치유되지 않을 상처를 새기는 것과 같다. 엄마의 존재가 아이에게 날카로운 흉기가 되어서는 곤란하다.

사회성

　세 살 무렵까지의 아이들은 자신의 충동이나 본능에 의해서만 행동한다. 먹고 싶을 때 먹고, 놀고 싶을 때 놀고, 장난감을 던지거나 물건을 어지르는 등의 행동을 하기도 하고, 또래의 아이에게 손가락으로 눈을 찌르기도 한다. 그런 행동이 다른 사람에게 피해가 된다는 의식이 전혀 발달되어 있지 않기 때문이다.

　유치원에 입학하는 시기인 5~6세가 되면 친구들과 어울릴 때 함부로 행동해서는 안 된다는 것을 점차 알게 된다. 또한 누가 더 그림을 잘 그렸는지, 누가 칭찬을 받았는지를 떠올리며 시샘할 줄도 알게 되고 그렇게 경쟁 심리가 생겨난다.

　이렇게 개인이 아닌 사회 구성원으로 성장해가는 과정을 통해 인간은 누구나 '사회화'를 거치게 된다. 즉, 내가 아닌 다른 사람과의 관계를 원만하게 유지하는 도덕적인 규칙들이 환경과 경험에 의해 몸에 배는 것이다.

　이러한 사회성 발달은 아이가 태어나 처음으로 대면하게 되는 사회, 즉 가족들에 의해 가장 큰 영향을 받을 수밖에 없다. 최초로 대면하기 때문이기도 하지만 아이가 속한 유일한 사회이기 때문이기도 하다. 따라서 이 시기에는 잘 형성된 부모와의 애착관계나 형제자매와의 우호적인 관계가 필요하다.

사회성이 잘 발달된 아동들의 가정 환경에는 공통된 사항이 있다. 가정 내의 분위기가 매우 민주적이라는 점이다. 가족 구성원 누구나 서로의 의견을 존중하고 배려하며, 어른이라고 해서 독단적이지 않고 자녀와 대화를 통해 규칙을 정하고 그것을 반드시 지킨다. 민주적 가정의 아이들은 매사 적극적이며 개방적이어서 자신과 다른 타인의 의견이 '다름'이라는 것을 인정하고 존중할 줄 안다. 반대로 권위주의적인 가정에서 자란 아이들은 타인과의 관계 맺기에 서투르므로 외톨이가 되어 혼자만의 세계에 머무는 경향이 많다.

또한 미디어에 지나치게 노출되는 것도 바람직하지 않다. 사회성이란 타인과 쌍방향 소통이 이루어져야만 발달될 수 있는데, 텔레비전 시청 같은 일방적인 전달에 집중하는 것은 아이가 현실도 미디어처럼 인식하는 혼란에 빠져 정상적인 사회화를 이루기 힘들다.

유치원에 다니는 시기라면 원내 활동에 의해 사회성 발달을 이룰 수 있다. 그러나 어디까지나 가정 내에서 부모의 양육 태도가 바탕이 되어야 한다. 가정 내에서 아이가 지켜야 할 규칙을 정해주고 가족 구성원이 함께 지켜가는 모습을 보이는 것이 좋다. 또한 가족이 함께 여행을 떠난다거나, 박물관이나 공연 관람 등을 통해 사회적 규칙을 배우는 것도 훌륭한 방법이 된다.

그 외에도 다양한 연령의 친구들을 만날 기회를 주는 것이 좋다. 특히 형제나 자매가 없는 외동의 경우 반드시 다른 연령대의 친구를 만들어줌으로써 사회성을 발전시킬 수 있다.

무엇보다 중요한 것은 부모가 자녀에게 애정을 끊임없이 표현하여 애착관계를 돈독히 하고, 자녀의 의견을 들어주는 민주적인 가정 풍토를 만들어주는 것이다.

창의성

자녀교육에서 창의성만큼 강조되는 것이 또 있을까. 여러 성장 발달 항목들이 대개 한 인간으로서 살아가는 데 필요한 내면의 힘을 기르는 것이라면, 창의성은 그 사람이 평생 이루어나갈 꿈의 구체적인 바탕이 된다. 이것은 나아가 평생의 업이 될 수도 있는 잠재력의 원천이라 하겠다. 창의성은 새로운 것을 지각하고 타인과 다르게 생각하는 힘이며, 비범하고 특별한 아이디어를 통해 보편적이고 전통적인 사고의 유형을 벗어나는 창조적 활동이기 때문이다.

창의성은 열린 마음과 열린 생각을 갖고 있는 사람에게서 더 많이 발현된다. 틀에 박힌 생각에 사로잡히는 것이 아니라 새로운 변화를 끊임없이 추구하는 것이 습관처럼 몸에 배어 있기 때문이다.

그리하여 창의성이 높다는 것은 능력을 갖춘 인재(人材)로 인정받는 기준이 되기도 한다.

유아의 창의적 사고는 상상력에서 출발한다. 다르다는 것이 틀린 것이 아니라는 것은 말로써 가르치는 것이 아니라 보여주는 부모가 '인정'해주는 것으로 자연스레 알게 할 수 있다. 그림을 그리는 나무를 빨간색으로 칠한다고 해서 그것이 잘못됐다고 가르친다면 '나무는 초록으로 색칠한다'는 고정관념의 틀에 아이를 가두는 것과 같다.

실제로 미술 수업을 하던 한 아동이 나무를 오렌지 빛깔로 색칠한 경우가 있었다. 나는 아이가 과연 어떤 생각으로 그렇게 그렸는지 궁금해 물었다.

"날씨가 너무 더워서 지금 나무가 열이 나고 있어요. 땀도 흘리고 있어요."

아이의 말을 듣고 보니 오렌지 빛깔 나무 옆에 동글동글한 얼룩이 눈에 들어왔다. 나무가 흘리고 있는 땀방울이라는 것을 그제야 알 수 있었고, 어른들이 무심코 지나칠 수 있는 나무에게 자신의 감정과 느낌을 이입하여 하나의 생명체로 인식하고 있는 아이의 창조적 발상에 놀랄 수밖에 없었다. 그래서 나는 다시 한 번 아이에게 물어보았다.

　"그렇구나. 오늘 정말 너무너무 더운데 나무도 우리처럼 더워서 땀을 흘리고 있구나. 그럼 나무가 시원해지려면 어떻게 해야하나요?"

　그러자 아이가 기다렸다는 듯이 말했다.

　"에어컨을 켜주면 되잖아요."

　"에어컨을 밖에 켤 수는 없잖아요. 그것은 힘들 것 같은데요?"

　나무에게 에어컨을 켜주고 싶었던 아이는 나의 대답에 조금 진지해졌다. 그러고는 배시시 웃더니 다시 이렇게 말했다.

　"하늘에서 비가 오면 시원해질 거예요."

　"아하! 비가 오면 정말 시원해지겠어요."

　"네! 땅도 나무도 산도 모두모두 시원해졌다고 할 거예요."

　마치 제 일인 양 기뻐하는 아이는 땀을 흘리는 나무를 그리느라 다시 바빠졌다. 아이들이 저마다 열심히 그림 그리는 것을 보며 그들의 상상력이 주는 매력에 매번 빠져들고 마는 나는 더할 수 없이 행복한 사람이라는 것을 깨닫게 되는 순간이다.

　이처럼 아이들은 어른들이 이끌어주는 대로 자연스럽게 자신의 사고를 확장시키고 무한대의 상상력을 펼쳐 보이곤 한다. 상상력은 곧 창의적인 아이디어로 이어지는 중요한 단서가 된다.

　새처럼 하늘을 날고 싶다는 꿈은 사람의 등에 날개를 달게 만들었지만, 이윽고 수많은 사람을 태워 먼 나라까지 여행할 수 있는 현실을 만들어냈다. 그리고 이제 그 꿈은 우주 밖의 다른 세상으로

넓혀지고 있지 않은가. 그러니 아이에게 '규칙과 규범'을 벗어난 것이 아니라면 상식을 고집하지 않는 것이 좋다.

집 안의 전자 제품을 분해하고 작동 원리와 구조를 찾는 것을 즐겼던 부지런한 아들을 위해 어느 양부모는 작업실과 작업대를 선물하며 마음껏 즐기도록 해주었다. 그리고 그는 성장하여 세계인을 매혹시킨 디지털 산업의 혁명을 일으켰다. 그가 바로 스티브 잡스다.

부모가 아이에게 줄 수 있는 최고의 선물을 나는 '기회'라고 말한다. 부모가 자녀에게 주는 '기회'란 사랑이 전제된 가장 큰 선물이며 무한대의 꿈을 실현시킬 가능성을 준다는 점에서 의미가 크다. 또한 사랑이 전제된 '기회'라는 선물을 주는 부모는 자녀의 실수에 관대하다. 그렇기에 또 다른 '기회'를 부여하고 새로운 꿈을 이어서 꿀 수 있도록 든든한 후원자이자 조력자 역할을 한다.

결국 아이의 창의성을 높이 발전시켜주는 부모의 역할은 너무도 분명해진다. 부모 스스로 다르게 생각하기. 부모 스스로 창의적일 수 있도록 노력하기. 아이에게 많은 경험을 주어 다르게 볼 수 있는 시각과 그 시각을 행동으로 옮길 수 있는 기회를 부여하는 것이다.

아이는
어떻게 단단해지는가?

　살면서 한 사람의 강인함이 발휘되는 순간은 언제일까? 우리는 누구나 위기와 시련의 시간을 겪지 않는 평탄한 삶을 살기를 갈망한다. 하물며 내가 아닌 내 자식들의 삶에 대한 바람은 더할 나위 없이 그렇다. 어느 부모가 자녀에게 힘든 시간이 다가오길 바라겠는가. 이렇듯 부모의 마음은 자녀의 안녕을 바라는 기도로 채워져 있다. 설령 살면서 험난한 질곡의 시간을 맞이하게 되어도, 좌절하지 않고 꿋꿋하고 용감하게 버텨 이겨내길 바랄 것이다.

　비바람에 몸을 내맡겼던 나무가 아니고는 달콤하고 단단한 열매를 맺기 힘들다. 바람에 흔들려야 가지는 굵고 튼튼해지며, 따가운 햇빛을 견뎌낸 열매만이 달콤한 향내를 품을 수 있다. 사람의 삶도 그러해서, 크고 작은 실패와 위기를 견뎌낸 사람이 더욱 강인해진다.

　시련은 고통스럽지만 사람을 강하게 하는 수련의 과정이다. 아마도 그런 이유로 우리 부모들은 우는 아이에게 울지 말라고 하는 것이 아닐까. 울지 말고 담대하게 맞서 이겨내라는 숨은 뜻이 아이를 달래는 부모의 마음일 것이다.

　돌이켜보면 우리 모두는 태어나는 그 순간부터 험난한 탄생의 과정을 시련처럼 겪어내며 울음을 터뜨린다. 세상에 태어나 처음 마주하는 것이 좁은 문을 빠져나오며 참아내야만 하는 고통이라니……. 그리고 이어지는 것은 엄마 품의 달콤한 젖내와 따스한 체온이 전해주는 기쁨이다. 우린 모두 그렇게 단련되며 성장의 과정을 거치고 있는지도 모르겠다.

　"어머나, 유홍이는 넘어졌는데도 울지 않고 씩씩하게 일어나네요. 다치지 않았어요? 정말 용감하네요. 선생님은 감동받았어요."

　아이들은 곧잘 넘어지고 울음을 터뜨리곤 한다. 그러나 모든 아이가 그런 것은 아니다. 분명 아프게 넘어졌는데도 불구하고 아무렇지도 않다는 듯 씩씩하게 일어서는 아이도 있다. 놀란 가슴을 쓸어내리며 아이의 용감함과 침착함에 칭찬을 듬뿍 해주고 있다.

　반대로 그렇지 않은 아이들도 있다. 조금만 불편한 상황이 벌어지면 울음을 터뜨린다. 혹은 넘어진 그 자리에서 일어날 생각을 하지 않고 곁에 있는 누군가가 자신을 일으켜줄 것을 기대하며 눈치를 살핀다. 어른의 관심과 사랑이 부족했던 탓이기도 하지만, 자신에게 벌어진 위기의 순간을 스스로 극복하려는 의지가 약하기 때문이다. 그것은 분명 혼자 무엇을 해내기보다 어른의 도움을 받은 경험이 더 많았기 때문이다. 환경이 어떠했느냐에 따라 아이들은 온실 속의 연약한 화초가 되기도 하고, 거센 비바람에도 굳건하게 피어나는 야생화처럼 건강한 몸과 마음을 갖게 되기도 한다.

그렇다면 우리 아이들이 이처럼 스스로를 단단하게 만들어 위기를 극복하며 주도적인 삶을 살아가게 하는 힘은 무엇일까? 굳건하고 비옥한 토양 없이는 아무리 강인한 야생화라도 뿌리를 내리지 못하듯 아이들에게도 자양분이 되는 기본 바탕이 필요하다. 또한 그 바탕의 중심은 누가 뭐라 해도 부모의 사랑이다.

안정감

♥

아이들은 태어나는 순간부터 자신이 얼마나 약한 존재인지 스스로 잘 알고 있다. 그래서 자신을 사랑해주는 엄마의 품 안에서 안정감을 느끼게 되고, 그러한 안정감을 주는 엄마에게 애착을 형성한다. 귀엽게도 이것은 바로 '살아야겠다는 본능'이다.

엄마를 향한 애착관계가 잘 형성된 아이는 안정감을 갖는다. 약한 자신의 곁에 든든한 엄마가 있다는 것만큼 아이를 용감하게 하

는 것은 없다.

"너, 우리 엄마한테 이를 거야!"

우리도 어릴 적 동네 친구와 다툼이 생기면 이런 말로 친구에게 맞서지 않았던가. 나에게도 있고 친구에게도 있는 엄마지만, 그 어떤 엄마보다도 나의 엄마가 더 힘이 세고 강할 것이라는 막연한 기대감과 확신은 어렸던 우리를 무척이나 용감무쌍하게 만들었다. 엄마란 그 무엇이든 막아줄 수 있는 안전지대이자 가장 편안한 존재였다.

그런데 요즘은 엄마들의 이러한 등장이 조금 어긋난 느낌이다. 체벌이 옳은 것은 아니지만, 체벌을 행한 선생님의 멱살을 다른 학생들 앞에서 잡아채는 부모가 등장하니 말이다. 든든한 조력자가 되어주는 것은 마땅히 필요한 일이다. 그러나 아이의 삶에 직접적인 행동을 보이는 것은 바람직하지 않다. 주도적인 삶을 살아야 할 아이가 도리어 부모에게 지나치게 의존하고 나약해지기 때문이다.

이렇듯 엄마로부터 전해지는 안정감은 비단 엄마만이 아닌 가정 환경 전반에서 비롯된다. 매일 다투는 엄마와 아빠의 모습을 보면서 자라거나, 여타의 이유로 안정적이지 못한 가정에서 성장하는 아이들은 불안해하고 그렇게 위기감을 느낀다.

자녀에게 안정감을 주는 방법은 아주 기본적인 조건만 갖추면 된다. 늘 다정한 부모의 모습, 재물이 넘치지는 않더라도 안정적인 가정 환경, 끝으로 너무도 당연한 것이겠지만 사랑받고 있다는 느낌을 만끽하게 해주는 것이다. 안정감을 느끼며 성장하는 아이는 두려움이 닥쳐도 딛고 일어설 만반의 준비를 하는 셈이다. 자신이 혼자가 아니며 힘을 실어주는 부모와 가족이 있다는 것만큼 확실한 준비는 없다.

자녀에게 안정감을 주는 방법

- 하루에 한 번 이상 아이를 꼬옥 안아주며 사랑한다고 해주세요.
- 아이 앞에서는 부부싸움을 하지 않아요.
- 아이가 말을 할 때에는 끝까지 경청해주세요. 귀 기울이지 않으면 무시당하는 느낌을 받게 되고, 아이는 외로워져요.

성취감

한 인간에게 세상을 살아가는 동안 가장 기본이 되는 마음의 무기가 '자존감'이라면 '성취감'은 자존감을 쌓게 하는 중요한 훈련의 일부다. 자신에게 주어진 몫을 이루어낼 때마다 생겨나는 성취

감은 해냈다는 만족감과 함께 행복을 안겨준다. 또한 '나도 할 수 있다'는 '자신감'을 마음에 갑옷처럼 입혀준다. 때문에 "선생님, 이 거 나도 할 수 있어요!"라고 당당하게 외치는 아이들은 다른 아이들보다도 훨씬 더 생기 넘치는 표정을 하고 있다.

성취감을 아이에게 심어주는 일은 어렵지 않다. 부모가 보기에 답답하고 미숙해 보이더라도, 대신해주겠다 나서지 않고 혼자 할 수 있도록 격려하며 지켜봐주면 된다. 이윽고 아이가 해냈을 때는 칭찬을 해주며 엄마의 믿음을 보여주자. 반대로 아이가 해내지 못했을 때도 부정적인 마음을 보여서는 곤란하다.

"너는 왜 그것도 못하니?"

"옆집 사는 ○○는 옷도 혼자 잘 입는데 넌 양말도 못 신어?"

"아이 답답해 미치겠네. 엄마가 해줄 텐데 왜 네가 나서서 하겠다고 야단이야?"

지켜보는 부모의 마음이 답답하고 조급할 수 있다. 하지만 모든 것을 완벽하게 배워 익히고 태어나는 아이는 없다. 하물며 우리 어른들도 그러했다. 처음 숟가락을 사용하던 날, 온 방바닥에 밥풀을 흘리며 먹었고, 신발을 신을 때도 잘 구분이 가지 않아 바꿔 신곤 하지 않았던가.

성취감은 이렇듯 소소한 일상에서부터 시작한다. 자녀가 성장함에 따라 좀 더 큰 것들로 바뀌어간다. 세상을 향해 나아갈 자녀가 마음 가득 자신감과 자존감을 무장하길 바라는 엄마들은 지혜

로운 아이디어로 아이들이 성취감을 쌓아갈 수 있도록 작은 미션을 부여하곤 한다. 아이만의 저금통, 아이가 키워낼 작은 화분, 아이가 할 수 있는 심부름 등 엄마들의 창의적인 발상이 빛을 발휘하게 된다. 부지런한 엄마가 자녀의 자존감에 싹을 틔우고 아름드리 나무로 성장시킨다.

자녀에게 성취감을 심어주는 방법

- 양말 신기, 옷 입기, 양치와 세수하기 등등 혼자 할 수 있는 일에 부모가 나서지 말아주세요.
- 간단한 심부름으로 아이가 성취감을 느끼도록 해주세요.
- 숙제를 마친 아이에게 칭찬을 해주세요.

책임감

책임감은 성실함을 전제로 한다. 성실하지 않은 사람은 책임감이 강할 수 없다. 책임감은 자신이 맡은 바를 해내야 한다는 일종의 압박감이다. 그러니 오늘 일을 내일로 미루기 일쑤인 게으른 자에게 책임감을 기대하는 것은 어려운 일이다.

　자신감과 자존감을 겸비한 아이들은 해야 할 일에 대한 책임감을 성실하게 발휘한다. 성취감을 충분히 맛보았기 때문에 주어진 일에 열성적으로 임하고 자신이 꼭 해내야 한다는 임무감마저 느끼기 때문이다.

　적극적이지 못하고 내성적인 아이의 경우 적절한 임무를 부여함으로써 성취감과 함께 책임감을 기르게 할 수 있다. 어떠한 책임이 담긴 일을 맡긴다는 것은 상대방에게 그만한 능력이 있다고 인정하는 것과 같다. 또한 맡은 일을 잘 수행해냈을 때 칭찬을 받게 되면 자신이 가졌던 책임감이 해소되며 기뻐하게 된다.

　책임감은 늘 생겨났다 사라지는 것이다. 그것이 아주 짧은 시간일 수도 있지만, 생을 마치는 날까지 이어지는 것일 수도 있다. 분명한 것은 책임감을 갖고 있을 때 마주한 시련의 순간을 쉽게 포기하지 않고 슬기롭게 이겨내기 위한 용기를 낼 수 있다는 사실이다.

　자식으로서의 책임감, 부모로서의 책임감, 소속된 회사의 일원으로서 갖게 되는 책임감 등등……. 우리는 늘 우리가 해야 할 몫에 대한 책임감을 갖고 살아가게 된다. 우리의 아이들에게도 작은 것부터 책임감을 갖고 성취할 수 있는 기쁨을 알게 한다면 강인한 사람으로 살아갈 수 있도록 마음의 근육을 더욱 단단히 하는 훈련이 될 수 있다.

자녀에게 책임감을 가지게 하는 방법

- 아이에게 취침 전 집 안의 전등을 끄는 것 같은 작은 임무를 주세요.
- 반려동물이나 키우는 식물이 있다면 먹이를 준다거나 화분에 물을 주는 임무를 맡겨주세요.
- 하겠다고 나서는 아이를 막지 말아주세요. 정말 해낼 수 있는지 묻고, 그 후로는 어떤 결과든 받아들일 수 있도록 격려하세요.

도덕심

실패에도 굴하지 않고 좌절하지 않는 강인하고 단단한 사람이 되는 것은 누구나 할 수 있다. 그러나 강한 사람 모두가 존경받는 훌륭한 사람이 되지는 못한다. 아이들 세계에서도 강하기만 한 것은 무모한 상황을 만들 때가 있다. 나는 자신의 실수를 덤덤하게 받아들이며 "다시 할 거예요"라고 용감하게 대처하던 일곱 살 승민이에 대한 오래전의 기억이 잊히지 않는다.

어지간해서는 상처를 받지 않는가 보다 싶을 만큼 씩씩했던 승

민이의 행동들이 문제가 된 것은 다니던 유치원에서 한 학기가 거의 끝나갈 무렵이었다. 또래의 아이들도 알고 있다. 누가 힘이 세고 강한 아이인지, 또 얼마나 씩씩하고 용감한지를……

승민이는 친구들 사이에 그런 아이였다. 그런데 이 용감(?)한 아이에게 일종의 권력이 생겨났다. 강하고 씩씩한 아이이기에 주변의 아이들이 따르기 시작했고, 승민이가 하는 말이라면 모두가 추종하게 되는, 분명 그것은 권력이었다.

무소불위(?)의 권력을 가진 승민이가 점점 과격해졌고 말을 듣지 않는다는 이유로 친구들을 쥐어박는 일도 생겨났다. 자신을 잘 따르는 친구만 골라 함께 어울렸는데, 특히 자신의 뜻에 반하는 친구들을 절대로 용서치 않았다. 승민이 자신은 그 자체만으로 정의라고 착각하고 있었고, 정의(?)에 어긋난 친구들은 응징받아 마땅한 것이었다. 승민이는 그렇게 오랫동안 친구들을 괴롭혔고, 그 괴롭힘에 조금씩 혼자가 되어갔다. 마지막까지 남은 친구는 보복을 두려워한 몇몇 아이뿐이었다.

승민이와 내가 만나게 된 것은, 다니고 있던 유치원에서 문제가 심각해진 후 스스로 옮겨온 덕분이었다. 학기 중에 유치원을 옮긴다는 것은 쉬운 결정이 아니다. 더구나 집에서 멀리 떨어진 유치원을 선택했을 때는 분명 그만한 이유가 있을 것이라는 생각도 들었다. 엄마와 상담을 한 후 승민이에 대해 알게 되었고 잘못된 행동을 수정할 수 있도록 함께 노력했다. 아이가 선한 마음으로 다시 돌아오기까지 오랜 시간이 걸렸다. 졸업까지 겨우 한 학기가 남은 상황에서 할 수 있는 최선의 노력을 했다.

승민이는 모둠 활동을 통해 다른 아이들보다 더욱 협동심을 기를 수 있도록 배려해주었다. 담당 교사가 일부러 정해주는 심부름 또한 혼자가 아닌 둘이나 셋이서 할 수 있는 것으로 정했다. 칭찬을 할 때도 승민이 혼자가 아닌, 함께 수행한 친구들과 얼마나 잘 협동했는지에 대한 것을 중점으로 두었다. 혼자 살아가는 세상이 아닌 더불어 살아가야 할 앞으로의 삶에서 혼자만의 이익과 타인을 부리는 권력욕에만 사로잡힌다면 결코 순탄하고 원만할 수가 없다. 그런 점에서 승민이는 자신을 낮추고 타인을 배려하는 마음이 필요했다. 또한 가장 중요한 것은 어떤 행동이 잘된 것인지 잘못된 것인지 알게 되는 선악의 구분이다. 승민이는 그것이 부족했다. 자신이 원하는 것을 얻기 위해 다른 친구를 아프게 하는 것은 잘못된 악한 행동임을 깨우쳐야만 했다.

이렇듯 승민이의 경우처럼, 아무리 막강한 능력과 힘을 갖고 있다 하더라도 선악을 구분하여 행동하는 기준이 될 도덕성이 결여되어 있다면 사회적으로 큰 문제가 발생한다. 요즘 세간을 떠들썩하게 하는 학교 폭력 사태나 왕따 문제가 그렇다. 또한 자신의 분노를 제어하지 못해 '묻지마 범죄'를 벌이는 범죄자들 역시 도덕 불감증이 그 원인이다.

도덕성은 한 사람이 보여주는 모든 행동을 결정하는 중심이고

기준이 될 수 있다. 해서는 안 될 나쁜 행동을 정하고 자신을 통제하게 하는 것은 마음속에 자리 잡은 도덕성이 있기에 가능하다.

진정으로 강한 사람은 세상의 존경을 받는다. 유대 민족의 말살을 원했던 전범 히틀러가 아무리 강한 권력의 리더였어도 존경받는 인물은 아니다. 선악을 구분할 줄 모르는 강한 자의 리더십은 결코 사람들의 존경심을 얻을 수 없다.

반대로 도덕성이 강한 사람들은 그 자체만으로도 진정한 의미의 강한 사람이다. 사람의 마음을 미혹시켜 나쁜 길로 빠져들게 만드는 것으로부터 스스로를 지켜준다. 아무리 먹고 싶어도 남의 것을 빼앗아 먹지 않는 것, 빨리 버스에 올라 편히 앉아 가고 싶지만 새치기하지 않고 줄을 서는 마음, 넘어진 친구에게 손을 내밀어 잡아주는 행동 등등……. 아이들이 어려서부터 접하는 모든 선한 행동은 자라면서 그 마음속에 켜켜이 축적되고 어른이 되어서도 삶의 도덕적 기준을 흔들리지 않게 한다.

가난해도 남의 것을 빼앗지 않는 이유, 화가 나도 분노를 조절하고 타인에게 해가 되는 행동을 하지 않는 이유, 그 어떤 실패에도 굴하지 않고 세상을 원망하지 않는 이유……. 그것은 모두 그러한 행동들이 옳지 않다는 도덕성이 마음의 중심에 뿌리내려 있기 때문이다. 삶을 살아가며 나쁜 길로 빠져들게 하는 유혹으로부터 자신을 지켜내는 방법은 오직 도덕심뿐이다.

자녀에게 도덕심을 심어주는 방법

• 동전을 모아 불우이웃돕기 성금을 내요.

• 이웃집 할머니, 할아버지 같은 어르신들을 만나면 꼭 인사를 해요.

• 부모님이 서로를 존중하는 대화를 함으로써 자녀도 상대방을 존중하는 법을 배울 수 있어요.

• 도덕심을 기를 수 있는 동화책을 읽고 대화를 나눠요.

긍정적 사고

"괜찮아. 절대로 무섭지 않아. 나도 전에 해봤는데 하나도 아프지 않았어."

유난히 밝은 성격에 늘 긍정적인 생각으로 사랑받던 미주였다. 씩씩한 모습으로 독감 예방주사를 맞고 온 이야기를 하는데, 아이들이 겁을 내자 하나도 아프지 않다며 웃어 보였다.

"괜찮아. 1등이 아니면 어때? 우리 아빠가 그러는데 꼭 1등이 아니어도 열심히 하면 그걸로 좋은 거래."

체육대회를 앞둔 어느 날, 달리기를 잘 못한다고 걱정하는 친구

에게 이런 말을 하는 것을 직접 지켜보게 되었다. 나는 미주에게 다가가 눈높이를 맞춰 앉으며 아이의 손을 잡고 물었다.

"미주야. 아빠가 정말 그런 말씀을 해주셨어?"

"네. 겁먹고 넘어질까 봐 무서워하면 정말 그렇게 된다고 하셨어요."

"정말?"

"네. 원래 뭐든 생각하는 대로 되는 거래요. 잘될 거라고 믿으면 정말 잘된대요. 그리고 정말 잘될 수 있도록 열심히 하면 된다고 하셨어요."

"그랬구나. 우리 미주가 훌륭한 아빠의 말씀을 잘 듣고 가슴에 새겨두었구나. 원장님도 미주한테 배워야겠어요. 맞아요. 아빠 말씀대로 잘될 거라고 믿으면 정말 잘될 거예요. 그리고 열심히 하는 거예요."

용기가 필요한 순간은 살면서 늘 마주치게 마련이다. 그럴 때마다 우리에게 필요한 것은 마음을 가다듬을 수 있는 긍정적인 사고다. 잘될 것이라는 굳건한 믿음은 실패를 두려워하지 않는 용기를 얻기 위한 기본적인 마음 자세임을 우리는 잘 알고 있다.

"너 하는 걸 보니 뻔해. 이번 시험도 분명 망칠 거야."

"넌 커서 뭐가 될지 하는 짓을 보면 분명하다. 그렇게 해서 대학이나 가겠어?"

"네가 공부를 열심히 한다고? 먹고 잠이나 자지 마."

“네 꿈이 의사라고? 그렇게 공부해서 의사가 되겠어? 꿈도 꾸지 마.”

우리는 너무 많은 부정적인 말들로 아이들에게 불가능과 실패라는 최면을 걸고 있는지도 모른다. 이러한 말들은 아이의 가슴에 상처를 남길 뿐만 아니라, 부정적인 미래를 재단함으로써 의욕을 상실하게 하는 결과를 낳고 만다. 어른들 스스로 긍정적인 마음을 키우고 자녀에게도 물려주는 것이 바람직하다. 아이들의 미래는 아직 정해지지 않았다. 그러나 어른들이 미리 단정하는 것으로 어두워질 수도 있다.

자녀에게 긍정적 사고를 심어주는 방법

- “네가 뭘 할 줄 알아?” 이런 말을 하지 말아요.
- “네가 열심히 한다고 하니까 엄마도 믿어. 분명 잘될 거야. 엄마 도움이 필요하면 말해. 언제든 엄마가 도와줄게.” 이렇게 격려하는 엄마의 자녀가 긍정적인 마음을 키워요.
- 부모님 스스로 부정적인 마음을 지우고 늘 긍정적인 자세로 삶을 살아가려 애써주세요. 그래야 자녀도 보고 배울 수 있어요.

어떻게 벌고
어떻게 쓰게 할까?

우리 어른들의 추억 한 자락 중에 빨간 돼지 저금통은 거의 공통된 부분인 것 같다. 설날 새배를 하거나 생일, 입학식, 졸업식 같은 날에 용돈을 받으면 대개 빨간 돼지의 배가 불룩해지곤 했다. 그 외에도 눈에 보이는 동전들을 "저금 해야지" 하며 저금통에 넣게 하시던 부모님들의 모습은 오늘날에도 크게 다른 것 같지 않다.

빨간 돼지 저금통에 대한 우리의 추억은 어쩌면 어렵고 힘겨웠던 시절에 동전 한 닢이라도 알뜰살뜰 모아두려던 절약 정신에서 비롯되었을지도 모르겠다. 하지만 유년 시절의 빨간 돼지 저금통 덕분에 우리 스스로에게 저축의 의미와 습관을 깨우치게 된 것은 분명하다. 그렇게 아껴 모았던 용돈은 새 학기 책가방을 사기 위해 혹은 부모님의 생신 선물을 사기 위해 쓰였다. 소위 '돼지 잡는 날'은 은근히 설레는 마음을 어쩔 수 없었고 우르르 쏟아지는 동전을 헤아리며 저축이 주는 짜릿한 즐거움을 충분히 만끽할 수 있었다.

요즘의 우리도 늘 어렵고 힘들다는 말을 한다. 하지만 어디 우리 어른들의 유년 시절만큼이야 할까. 변변한 간식거리 하나 없었던 시절, 우리 어머니 세대는 입에 넣고 십 리를 걸어야 사탕이 다 녹는다던 십리사탕의 세대였으니 온갖 달콤한 과자가 풍족한 지금과는 비교하기 힘들다. 오히려 넘치게 풍족하여 비만이 사회적 문제가 되고 있는 세상이다.

가난하고 어려운 시기의 절약 정신을 바탕으로 하는 경제관념과 소비 습관은 자연히 긍정적인 방향으로 이루어졌었다. 사치할 수 없으니 아낄 수밖에 없었기 때문이다. 하지만 현재의 풍족함은 과소비를 부추기고 저축을 잊을 만큼 소비 지향적이기도 하다. 더 이상 볼펜 껍데기에 몽당연필을 끼워 쓰지 않아도 되는 요즘의 아이들은 이제 연필을 깎지 않으며, 마음에 들지 않으면 샤프펜슬도 수시로 예쁜 것으로 바꿔 쓴다. 넉넉한 세상을 다음 세대에게 물려주고 싶은 우리였지만 반드시 필요한 저축 습관과 올바른 소비 습관에 대한 교육은 부족하지 않았는지 돌아볼 때이다.

유아기의 경제교육이 왜 필요할까?

　'어린아이가 뭘 알아?'라고 생각하는 부모들이 대부분이겠지만, 세 살짜리 아이들도 마트에서 과자를 사기 위해서는 돈이 필요하다는 것을 깨닫는다. 그리고 일반적인 물건과 돈을 구분하는 것이 가능해진다. 돈의 수 개념은 모른다고 해도 종이인지 돈인지 인식하는 것이다. 이렇게 3~5세의 아이들은 돈을 알기 시작한다.

　그리고 6~7세가 되면 돈의 쓰임을 알게 되고 동전과 지폐를 구별하게 되며 그 가치 또한 인식한다. 게다가 마트에서 맛있는 과자를 사기 위해 돈을 지불해야 하는 것도 깨닫는 귀여운 소비자가 된다. 또한 바로 이 시기에 저축에 대한 개념 형성이 시작된다. 따라서 바로 이때에 익히는 경제적 태도가 성인이 되어서까지 영향을 미치게 되므로 올바른 소비 패턴과 경제 개념을 익혀야 한다.

똑똑하게 소비하는 방법을 알려준다.

　물건을 아껴 쓰는 방법을 어려서부터 부모가 가르쳐주어야 한다. 또한 부모 스스로도 물건을 낭비하지 않고 절약하는 모습을 보여주는 것이 좋다. 물건은 반드시 필요한 것만 구입해야 함도 가르친다.

돈의 쓰임새와 관리 방법을 알려준다.

동전을 종류별로 모아 아이에게 보여주며 구별할 수 있도록 알려준다. 또한 돈이 왜 필요하고, 왜 소중한지 알려주자. 돈이 없으면 배가 고파도 음식을 사 먹을 수 없고 아파도 병원에 갈 수 없다는 것도, 돈이 없으면 예쁜 옷이나 장난감도 살 수 없다는 것도 말해줄 수 있다. 용돈을 절약해서 필요한 때에 쓸 수 있도록 알려주고 저축할 수 있도록 예쁜 저금통을 마련해주는 것도 필요하다. 저금을 많이 했을 때 무거워진 저금통이 주는 기쁨을 알게 하면 좋다.

가치 있는 소비, 기부를 가르치자.

기부는 주는 사람과 받는 사람 모두의 마음을 따뜻하게 한다. 주는 사람은 좋은 일을 했다는 뿌듯함에 행복해지고, 받는 사람은 어려움 속에서도 세상의 온정을 느끼며 희망을 갖게 된다. 요즘에는 어려운 이들을 돕는 많은 단체가 있으니, 마음만 있다면 얼마든지 아이와 함께 소중한 마음 나누기를 할 수 있다. 나보다 어려운 사람을 위해 조금이라도 나눌 줄 아는 기부를 자녀에게 가르친다면, 가치 있는 소비뿐만 아니라 남을 배려하고 긍휼히 여기는 올바른 성품도 기를 수 있다.

좋은 물건을 선택하는 방법과 돈의 교환 가치 이해하기.

마트에 가면 엄마와 함께 장을 보러 나온 아이들을 자주 볼 수

있다. 대개 아동용 쇼핑 카트에 앉아 엄마와 마주 보는 자세로 쇼핑을 한다. 아이들에게 대형마트나 슈퍼마켓은 경제관념과 소비교육을 위한 굉장한 학습장이 될 수 있다. 아이가 좋아하는 사과가 어디서 왔는지, 싱싱한 생선들은 또 어디에서 왔는지도 알려줄 수 있다.

예쁘고 싱싱한 사과를 고르는 방법이나 생선의 이름 정도는 아이들에게 가르쳐주는 것이 매우 유익하다. 아이들은 사과를 키워낸 농부의 노력과 땀을 이해할 수 있고, 바다 깊은 곳을 헤엄치던 물고기가 어떻게 해서 식탁에 오르는지 재미있게 받아들일 수 있다. 시선 닿는 곳곳이 엄마와 함께하는 교육장이 될 수 있는 곳, 바로 대형마트다. 아이가 좋아하는 과자 한 봉지쯤은 직접 돈을 지불하고 잔돈을 받아보는 경험도 시킬 수 있다. 돈을 지불하여 잔돈과 영수증을 받는 구매의 경험으로 아이는 또 시장경제를 조금이나마 이해할 수 있다.

다양한 직업의 종류를 알려준다.

요즘은 아이들이 직접 직업을 체험해볼 수 있는 교육장들이 많이 생겨났다. 직접 체험을 통해 아이가 관심을 갖고 있는 다양한 직업은 물론이고 그 외의 직업들까지 이해하고 존중하는 마음을 갖게 할 수 있다. 상상하기나 역할놀이를 좋아하는 연령인 유아기에 이런 직업군을 체험하는 것은 이 사회를 움직이는 구성원들이 펼치는 다양한 경제 활동에 대한 이해를 돕는 중요한 학습의 일환이다.

진정한 부자의 가치 있는 소비, 기부

수년 전 12월 어느 날의 일이다. 겨울방학을 앞두고 있었고, 이듬해 신입생 등록 때문에 정신없이 바쁜 날들을 보내고 있었다. 유치원 졸업반이었던 일곱 살 수진이가 내 앞을 지나가다 걸음을 멈추고 인사를 하는데, 입고 있는 원복에 빨간색 열매 모양의 배지가 달린 것이 보였다.

"수진아, 그게 뭐예요? 나한테 보여줄 수 있어요? 한 번만 만져 볼게요."

평소 신체 접촉을 하기 전에 상대방의 의사를 꼭 물어보는 것을 가르쳤으므로 나 또한 수진이에게 허락을 구했다.

"네, 원장님. 이건요, 사랑의 열매예요."

수진이가 달고 있는 배지가 사랑의 열매라는 것을 몰랐던 것은 아니다. 나는 다만 수진이가 그것이 무엇인지 정확히 알고 있는지, 나에게 설명해줄 수 있는지 궁금했다.

"사랑의 열매요? 이름이 참 아름다워요. 그런데 그게 뭐지요?"

"아아, 제가요. 엄마하고 같이 저금통에 조금씩 용돈 모았는데

요. 엄마랑 같이 어려운 사람들 돕는 데 보냈어요. 그 돈으로 엄마
랑 아빠랑 없는 언니 오빠들이나 친구들 밥도 해주고 학교도 보내
주고 옷도 사줄 수 있대요.”

　“아하! 그렇구나! 수진이가 용돈을 모아서 좋은 일, 착한 일 하
는 데 썼군요. 그래서 이렇게 예쁜 배지를 달고 있는 거군요! 너무
감동적이라서 내가 한 번 안아주고 싶어요. 그래도 될까요?”

　어떻게 포옹하지 않을 수 있을까? 나눔의 의미를 알고 수줍게
빨강 열매를 설명하는 수진이에게 두 팔을 벌려 보이자 기다렸다
는 듯 품에 안겼다. 수진이의 작은 두 팔이 내 몸을 감싸 안았을 때,
내가 수진이를 안는 것이 아니라 내가 천사의 품에 안긴 것처럼 정

화되는 감동을 받았다.

나눔을 안다는 것은 유아 경제교육에서 결코 등한시되어서는 안 되는 중요한 부분이다. 가장 현명하고 올바른 소비를 가르치는 것이고, 아울러 인성교육의 가장 밑바탕이라 할 수 있는 남을 배려하고 사랑하는 방법을 알게 하는 것이기 때문이다.

페이스북의 창업자이자 최연소 억만장자인 마크 주커버그는 스물여섯의 나이에 재산의 절반을 기부하겠다는 서약을 했다. 사람들은 대개 나이가 들고 나서야 재산 기부 의사를 밝힌다. 20대의 주커버그가 전 재산의 절반을 뚝 잘라 기부하겠다는 서약을 한 것이 매우 의아했을 것이다. 그런 사람들을 향해 주커버그는 이런 명언을 남겼다.

"사람들은 기부를 하기 위해 나이가 들기를 기다리지만, 해야 할 일이 많은데 왜 그때까지 기다려야 하죠?"

주커버그뿐만이 아니다. 현재 전 세계 유명 재벌들 100여 명이 자신의 전 재산 중 절반을 내놓겠다는 기부 클럽에 가입했고, 그들 중에는 워런 버핏과 빌 게이츠도 있다. 이 기부 클럽이 바로 '더 기빙 플레지(The Giving Pledge)'인데 워런 버핏과 빌 게이츠에 의해 시작되었으며, 전 세계의 부호들이 동참 서약을 하며 기부 클럽 회원이 되었다. 2013년까지 미국의 억만장자 93명과 다른 나라의 재벌 12명이 동참해 105명의 회원이 모였고, 이들이 기부한 금액이 무려 5,000억 달러(한화 560조 원)이다.

“성공한 기업가는 부를 사회에 환원하고, 세계의 불평등을 개선할 수 있는 길을 찾아야 합니다. 이것이 우리가 해야 할 사회적 책임입니다. 나는 죽기 전까지 내 재산의 95퍼센트를 기부할 것이고, 나의 후반기 삶은 돈을 의미 있게 쓰는 것에 바칠 겁니다.”

기부 서약을 처음 한 빌 게이츠는 성공한 기업가로서의 자신이 어떤 목적의 삶을 살아야 할지 말했는데, 그의 이런 신념은 부모의 영향이 컸다고 한다. 변호사였던 아버지와 여러 비영리단체에서 일해온 어머니로부터 자연스럽게 나눔의 문화를 배우고 익혔던 것이다. 아버지는 무료 법률 상담을 하며 자원봉사자 활동을 했고, 어머니는 여러 사회운동에 적극 참여했다고 한다. 또한 어린 빌 게이츠에게 용돈을 줄 때마다 나눔을 실천하는 것을 가르쳤다. 인생의 가치를 남을 위하고 배려하는 것에 둔 부모의 모습은 세계적인 대부호가 된 빌 게이츠가 아름다운 ‘노블리스 오블리주(noblesse oblige)’를 실천하도록 영향을 끼친 것이다.

대개의 부모가 자녀에게 경제교육을 시키는 것은 함부로 낭비하지 않고 올바른 소비와 저축으로 부자가 되어, 경제적으로 안정된 삶을 살 수 있도록 하려는 의도가 있기 때문이다. 그런데 이것은 본래의 경제교육이 갖는 의미를 조금 비껴간 것이다. 우리는 자녀에게 부자 되는 습관을 가르칠 것이 아니라, 돈을 가치 있게 소비하는 습관을 가르쳐야 한다.

어떻게 가르쳐야 하느냐는 방법을 굳이 고민할 필요도 없다. 부

모 스스로 행한다면 자녀는 모시에 감물 들듯 올바른 습관에 젖어
든다. 참된 경제교육 하나만으로도 자녀의 인성교육까지 이룰 수
있다. 저축하는 습관이 소비를 절제하고 인내하는 것을 배우게 한
다면, 가치 있게 소비하는 습관이 아이의 영혼을 살찌워 세상의 존
경을 한 몸에 받는 진정한 부자로 만들어줄 것이다. 모든 부모가
바라는 리더가 바로 이런 존재이기도 하다.

아이가 마트에서 장난감을 사달라고 고집 부릴 때

- 마트에 가기 전 사야 할 품목을 정한다.
- 장난감을 사게 될 경우, 부모가 허용해줄 수 있는 금액의
  한도와 몇 가지 품목(소꿉놀이세트, 병원놀이세트, 모래놀이
  도구 등) 중에서 고르게 하여 제한적 선택을 하게 한다.
- 계획하지 않았는데 장난감을 사달라고 무작정 고집을 피
  울 때는 물건 사기를 멈추고 집으로 귀가한다. 물건은 즉
  흥적으로, 계획 없이 살 수 없음을 아이에게 안내해주고
  다음에 살 수 있는 상황을 알려준다.
- 생일 또는 크리스마스 날 사주기로 약속하고, 자꾸 조르
  면 그런 기회마저 없어질 수 있음을 알려주어 아이가 욕
  구를 조절하고 인내심을 갖도록 돕는다.

용돈을 주면 모두 군것질이나 장난감으로 소비해버릴 때

- 용돈을 주는 것을 멈춘다. 이유를 이야기해주고, 일정 기간 아이가 군것질과 장난감 사는 것을 멈추고, 계획과 약속을 지켜나가도록 격려한다.
- 용돈으로는 꼭 필요한 것을 구입해야 한다는 것을 경험하거나 깨달았을 때 다시 용돈을 준다.

돈이 없다는 부모에게 아이가 카드로 사달라고 할 때

- 아이에게 카드의 기능을 설명하고 계획 없이 물건을 살 수 없음을 알려준다.
- 부모도 아이 앞에서는 즉흥적인 물건 구입이나 잦은 카드 사용을 삼간다.

Part 4
학습의 왕도, 지혜로운 부모 되기

-시간을 견디는 부모가 행복한 아이를 만든다-

한 인간으로서, 존재로서, 다양한 계층의 사람과 친구들을 만나 올바른 사회성을 보이고 훌륭한 인품의 인재로 자라나 행복한 삶을 살기를 바란다면 유아 시기의 성장을 허투루 생각하지 말아야 한다.

책 한권이
생각을 바꾼다

내 또래의 중년 어른들이라면 유년 시절 기억의 한 자락에 꼭 등장하는 한마디가 있다. 잠자리에 누워 오지 않는 잠을 기다리며 들었던 한마디일 수도 있다. 혹은 할머니나 할아버지의 무릎에 앉아 호기심 어린 눈으로 기다렸던 한마디일 수도 있다.

"옛날 옛날에⋯⋯."

이 한마디에 어렸던 우리의 동심이 얼마나 설레고 기대에 찼던가. 뒤에 이어질 재미있는 이야기들은 우리가 상상의 나래를 펼쳐 꿈을 꾸게 하던 원천이었다. 괴물을 물리치는 영웅이 되기도 하고, 높은 탑에 갇힌 공주를 구해내는 왕자가 되기도 하며, 떡 한 개만 주면 안 잡아먹는다는 호랑이를 피하는 어린 남매가 되기도 했다.

그렇게 흥미진진한 꿈을 꾸며 뛰었던 작은 가슴은 늘 따뜻했고, 머리로는 마음에 품은 희망과 꿈을 위한 정진을 했던 것 같다. 영웅이 되기 위해 착한 일, 정의로운 일을 흉내 내며 우리는 진짜 영웅이 되어갔으니까. 그리고 어른이 되는 시기가 가까워질수록 순수함은 조금씩 잃었어도 어릴 적 꿈은 조금씩 현실이 되어갔던 것도 같다. 최소한 꿈을 꾸었던 시절을 잊지 않음으로써 경로를 설령 이탈하더라도 초심을 기억해내곤 했으니까 말이다.

어떤 씩씩했던 영웅은 경찰이 되었을 수도 있다. 정의로운 리더십을 가졌던 이는 세상의 부당함에 목소리를 내는 한 사람이 되었을 수도 있다. 우리가 꾸었던 수많은 꿈 중에 상상력이 끼친 영향을 부정할 사람이 몇이나 될까? 그리고 그 아름다운 상상력으로 만들어진 꿈들은 책이 뒷받침되었다는 것을 부정할 사람은 또 몇이나 될까?

책을 접하기 어려웠던 시절에 우리를 꿈꾸게 만들었던 것이 "옛날 옛적에"였다면, 요즘의 아이들이 꿈을 꾸게 만들어주는 것은 분명 부모가 읽어주는 동화책이다.

아이들은 모르는 것이 많다. 세상에 태어나는 순간 순수함 그 자체이고, 순수한 만큼 아무것도 그려지지 않은 하얀 도화지와 같다. 그리고 그곳에 아이들만의 꿈을 그려 채우고, 세상을 살아가는 지식을 차곡차곡 쌓아간다. 부모와 함께, 부모의 도움으로, 부모가 쥐어준 색연필로, 자기만의 그림을 그리는 것이다.

책과 친구가 되게 하자.

어떠한 경우이건 부모의 강요는 아이에게 독이 된다. 유아기부터 장성한 어른이 되기까지의 우리에게 부모의 강요가 긍정적인 결과를 불러온 적이 있던가? 더욱이 타협이 가능하지 않은 유아기의 경우에는 아이의 연령에 맞고 호기심을 채워 즐겁게 해줄 책을 선택하는 것이 바람직하다. 부모가 읽어준다고 법전을 고를 수는 없지 않은가.

첫 책은 아이의 호기심을 자극할 수 있는 종류, 글보다는 호기심을 유발할 그림이 충분한 종류가 좋다. 엄마가 재미있게 읽어주며 아이의 상상력을 자극한다면, 아이는 몇 번이고 다시 읽어달라며 조르게 된다. 반복해서 읽어주는 엄마는 재미없고 지루할 수도 있다. 다른 책을 권하고 싶어지고, 이제 충분하니 새 책을 소개해주고 싶어진다. 하지만 아이가 원하는 책을 얼마든지 반복해서 읽어주는 인내가 필요하다. 아이는 끊임없이 반복하며 자기 것으로 만들어 성장한다. 그러니 원한다면 백번이라도 읽어주자. 그런 다음 적당한 때를 보아 아이와 함께 새 책을 고르자.

어떤 책이 좋을까?

요즘은 엄마들의 모임이 인터넷으로도 활발하게 운영되고 있어 여러 정보를 쉽게 공유할 수 있다. 아이들의 성향에 따라 좋아하는 책이 달라질 수 있지만, 처음 시작하는 유아 그림책의 경우 소문이

자자한 책이 가장 좋다. 현재의 베스트셀러보다는 장기간 스테디셀러였던 책을 골라보자.

혼자 읽을 동화책의 경우는 연령별로 출간되어 있으므로 좀 더 선택이 쉬울 수도 있다. 연령에 맞는 적절한 책이 중요한 이유는 아이들이 쉽게 공감하여 몰입할 수 있기 때문이다. 정보를 제공하는 학습 효과의 책도 좋지만, 인성과 성격이 형성되는 시기인 만큼 꿈과 모험이 담긴 이야기나 친구들과의 우정이 담긴 동화책이 흥미를 유발하고 인성교육과 감성 발달에 더 도움이 된다. 특히 일상에서 지켜야 할 생활 규칙이나 문제 해결에 조언이 담긴 책들은 아이들의 마음 근육을 단단히 하게 도와준다.

엄마가 읽어주는 책은 연령보다 조금 더 어려운 종류도 괜찮다. 읽어주며 어려운 부분에서는 엄마가 도움을 줄 수 있기 때문이다. 하지만 지나치게 어려운 책은 곤란하다. 아이들은 아이들 세계에 맞는 이야기에 흥미를 느끼지, 어른들이 좋아하는 주식이나 국제 정세에는 관심이 없다. 물론 이런 분야의 책을 읽어주는 부모는 없겠지만…….

전달이 아니라 소통과 교감을 나누자.

아이들은 부모가 읽어주는 책을 통해 정서적인 안정과 지식만 전달받는 것이 아니라 언어 자극도 받는다. 그래서 부모가 또박또박 정확한 발음으로 읽어주는 것이 좋다. 부모의 이러한 책 읽기를 아이는 그대로 따라 배운다. 또한 이렇게 책을 읽어주는 동안 아이에게 의견을 묻고 대화를 나누는 것이 필요하다. 예를 들어 주인공이 어려운 처지에 처했다면 "엄마는 너무 슬프고 속상해"라며 아이의 감정은 어떤지 물어보는 것도 좋다. 도둑질한 인물이 등장한다면 "도둑질은 나쁜 일인데, 잃어버린 친구가 속상하겠다"며 아이가다른 사람의 마음을 헤아릴 기회를 나누는 것도 필요하다. 이로써아이와 소통이 이루어지는데, 서로 같은 마음을 느끼는 것이 바로교감이다.

이제 그만! 책장을 덮어야 할 때를 알자.

아무리 아이가 좋아하는 책이라도 싫증을 낼 때가 있다. 졸리고배고픈 아이를 아직 끝까지 읽지 않았다고 억지로 붙잡아놓는 것은 곤란하다. 마찬가지로 흥미가 떨어져 더 이상 책 읽기에 집중하지 못하는 아이에게 강제로 읽으라는 것은 책을 싫어하는 부작용만 낳을 수 있다. 아이가 더 이상 집중하지 못한다면 과감히 책장을 덮고 분위기를 바꿔줄 필요가 있다. 반대로, 아이의 잠자리에서책을 읽어줄 때에는 호기심이 이어질 수 있도록 엄마가 책 읽기를멈추는 센스도 필요하다. 신혼을 치루고 왕비를 죽이는 왕으로부터 살아남기 위해 매일 밤 천일야화를 들려준 세헤라자데처럼 말이다. "오늘은 밤이 늦었으니 여기까지만 읽어줄게. 궁금하겠지만참았다가 내일 또 읽자?"라고 한다면 아이는 설레는 맘으로 엄마의 재미있는 책 읽기를 기다리게 된다.

아이와 손잡고 서점에 가자.

아이의 책은 결국 아이의 눈높이에서 고르는 것이 정답이다. 좋은 책은 있어도 나쁜 책은 없다는 것이 나의 지론이다. 물론 아이의 정서에 나쁜 영향을 줄 수 있는 '어른들이 몰래보는 책'도 있긴 하다. 그런 책들만 제외한다면, 아이와 손잡고 서점에 가서 함께 책을 고르며 아이의 의견을 존중해주는 것이 흥미를 떨어뜨리지 않는 좋은 방법이다.

엄마들이라면 모두 알 것이다. 세 살 아이도 자신이 좋아하는 '취향'이라는 것이 있다는 사실을……. 유아용 책들부터 청소년기의 책들까지 저마다 자신이 직접 읽고 싶어 하는 책을 고르게 하는 것이 아이 스스로 책장을 열게 하는 유일한 방법이다.

가끔, 서점까지 같이 간 엄마가 책 매대 앞에서 아이와 책 고르기 입씨름을 하는 모습을 보게 되는데, 그 자그마한 품 안에 책을 품고서는 고집을 부리는 아이와 말리는 엄마 모습은 절로 웃음을 짓게 한다. 아이가 책을 읽게 하고 싶다면 원하는 책을 고르도록 해주자. 결국 고집을 꺾고 엄마가 골라준 책을 손에 쥔들 아이는 그 책을 읽지 않을 것이다.

좋은 책, 아이를 이렇게 성장시킨다

♥

전래동화 '흥부놀부'를 예로 들어보자. 착한 아우 흥부와 심술쟁이 형 놀부를 보며 아이들은 형제의 우애를 자연스레 알게 된다. 또한 무인도에 홀로 남겨진 로빈슨 크루소를 읽은 아이들은 어려운 난관에 봉착했을 때 어떻게 해결해나가야 할지, 어떠한 용기가 필요한지를 알게 된다.

책이란 이렇게 간접 체험을 통해 아이들이 마음의 성장을 하게 도와준다. 갈등과 좌절을 극복하는 지혜, 문제를 해결하는 능력, 선악의 구별, 자신이 어떤 위치에 서야 할지와 어떤 사람이 되어야 할지를 생각하게 한다.

책을 통해 언어 능력이 향상되는 것은 말할 것도 없다. 책을 통해 아이들은 상상력을 키우고 그 상상 속에서 책 속의 주인공이 되는 것만으로도 감성이 풍부해지고 생각이 깊어진다. 또한 이러한 모든 긍정적인 결과를 통해 대인관계 기술이 발전하게 되고, 공감 능력이 증폭되어 사회성이 높아지는 것은 물론이다.

좋은 책이 가져오는 놀라운 변화와 긍정적인 영향 중에서 우리 부모들이 가장 환영할 것이 학습 효과 아닐까? 어려서부터 책 읽는 습관을 가진 아이들은 텔레비전이나 게임 같은 것에 빠지기보다 지적 호기심을 충족시킬 책을 더 아끼고 사랑하게 된다. 당연히 학습 효과가 높아지고, 올바른 독서 습관으로 인해 집중과 몰입에서

매우 탁월한 성향을 보인다. 그 때문에 학교 수업의 몰입도가 남다르다.

또한 책을 읽은 아이는 글을 읽고 뜻을 이해하는 능력(독해력)이 남다르다. 책을 읽지 않은 아이와 학업 성취도가 차이가 날 수밖에 없다. 같은 내용을 단 한 번 읽고도 이해할 수 있는 아이와 몇 번을 반복해야만 하는 아이의 차이는, 두 아이가 앞으로 어떤 노력을 얼마나 해야 할지를 알려주는 척도이기도 하다. 공부하지 않는 것 같은데 늘 성적이 우수한 아이, 공부를 열심히 하는데도 성적이 오르지 않는 아이의 차이는 책 읽는 습관에서 비롯된다고 해도 과언이 아니다.

이 독해력은 국어에만 치중되지 않는다. 시험 문제를 놓고 출제자의 의도를 파악하는 것 또한 문제를 읽고 파악하는 독해 능력에 따라 성적이 달라질 수밖에 없다. 출제자의 의도를 파악하지 못한다면 엉뚱한 답을 찾을 수밖에 없고, 이는 곧 문제의 함정을 읽어 내지 못한 부족한 독해력의 차이에서 비롯된 결과다.

그래도 나는, 좋은 책이 우리 아이들에게 주는 장점을 '영혼을 채우는 생각의 깊이'에 두고 싶다. 책을 많이 읽은 아이는 단순히 지식의 탑재가 아닌 정서적 안정과 사고의 깊이가 다르다는 점에서 강조하고 또 강조해야 마땅하다. 바른 것을 볼 줄 알고 행할 줄 알며 굳건해진 영혼을 가진 만큼 스스로를 아끼고 사랑하는 마음 또한 깊다. 좋은 책을 읽는 것으로 얻어지는 수많은 장점을 어떻게 이루 다 말할 수 있을까?

Tip

유아에게 책을 읽어줄 때

- 한 글자 한 글자 손가락으로 짚어가며 또박또박 정확한 발음으로 읽어주세요.
- 아이의 연령별 발달에 맞는 책을 골라주세요.
- 책을 읽어준 후, 내용에 관한 대화를 시도해보세요.

동민이는
왜 게임에 빠졌나?

내가 어렸을 적에는 텔레비전을 갖고 있는 집은 손꼽히는 부자에 속했다. 동네 누군가의 집에 텔레비전이 들어오는 날이면 호기심 어린 눈빛으로 모여든 사람들이 웅성거리며 구경에 나서곤 했다. 어른이며 아이들까지, 작은 상자 안에서 사람이 움직이며 목소리를 내는 것을 구경하며 부러움을 몰래 삼켰던 그 시절의 기억을 요즘 아이들에게 들려주면 어떤 표정을 지을까? 어쩌면 그 시절 텔레비전이 신기했던 우리만큼, 요즘 아이들에겐 그 당시의 우리 이야기가 신기한 전설쯤으로 들릴지도 모른다.

그 시절에 비해 요즘은 텔레비전 없는 집이 거의 없다. 이젠 방마다 텔레비전이 있고, 텔레비전을 켜지 않아도 스마트폰을 통해 놓친 방송 프로그램까지 다시 볼 수 있는 세상이다. 디지털은 급속도로 진보하여 손안에 모든 정보를 쥘 수 있고 손가락만 까딱해도 세상과의 소통이 가능하다.

하지만 우리의 생활을 더 편리하고 윤택하게 해준 문명의 이기가 불러온 부작용이 만만치 않다. 텔레비전으로 인한 우리의 여가 생활은 운동 부족을 낳아 비만으로 인한 건강의 적신호를 가져왔고 다양한 성인병의 원인이 되었다는 것을 부정하기 힘들다.

스마트폰은 또 어떠한가. 텔레비전이 그랬던 것 이상으로 사람들의 시력을 저하시키고 있다. 나는 스마트폰의 가장 심각한 폐해가 가족 간의 대화 단절이라고 말하고 싶다. 사람들은 누구나 손안에 쥔 스마트폰으로 세상과 소통한다는 미명하에 정작 중요한 가족 간에는 담을 쌓고 있다.

함께 식사하는 자리에서 가족들이 저마다 스마트폰을 들여다보는 것은 흔한 풍경이지 않던가. 집 안에서도 각자의 방에서 혹은 텔레비전을 함께 보다가도 손안의 스마트폰만 들여다보는 모습은 익숙하다. 그런 풍경에 어른 아이 구분이 없다. 장소에도 구분이 없다. 이른 아침 잠에서 깨어난 순간부터 취침하기 위해 잠이 드는 마지막 순간까지, 스마트폰은 신체의 일부분처럼 늘 우리에게 붙어 있다고 해도 과언이 아니다.

하지만 그것이 어디 문명의 이기 때문이라고만 할 수 있을까. 어떠한 것이든 적당한 수준을 넘어서고 몰입한 결과이지, 반드시 스마트폰과 텔레비전이 잘못이라고는 하기 힘들다. 기계는 아무런 잘못이 없다. 나와 가족을 잊은 채 기계에만 빠져들어 헤어나오지 못한 우리 자신의 잘못이다. 그리고 이러한 우리의 바람직하지 못한 모습을 아이들도 닮아가고 있다.

유아에게 텔레비전과 스마트폰이 바람직하지 않은 만 가지 이유 

두뇌 발달이 한창 이루어지는 영유아의 시기에 텔레비전이나 스마트폰 같은 자극적인 미디어에 집중하게 되는 것은 과연 옳은 일일까? 대개의 부모가 옳지 않다는 것을 잘 알고 있다. 그러나 육아가 어디 보통 일이던가. 아이도 돌봐야 하고 집안일도 해야 하는 엄마의 역할이 주는 스트레스는 부부가 서로 역할을 바꿔봄으로써 충분히 공감하게 된다. 심지어 우리 옛말에 "아이 볼래, 밭을 맬래?"라고 물었을 때 밭을 맨다고 하지 않았던가.

아이의 눈길을 기가 막힐 만큼 사로잡는 텔레비전은 엄마들에게 아주 잠시라도 휴식을 취할 수 있는 짬을 준다. 유모차에 고정된 스마트폰을 통해 아이가 동영상을 보고 있고, 엄마는 쇼핑을 하는 모습도 흔치 않게 볼 수 있다. 이처럼 텔레비전이나 스마트폰은 아이들을 집중시킬 수 있는 좋은 매개체이기도 하다.

하지만 다양한 오감 자극이 두뇌에 골고루 퍼져 발달을 이루어

야 할 때에 이 같은 매체의 한 가지 자극만으로 영향을 받는다면 과연 아이는 어떻게 될까? 그것은 마치 수험생이 다른 과목 모두 포기하고 국어 한 과목만 공부하는 것과 같다. 두뇌가 시각적 자극에만 빠져 다른 감각의 발달이 뒤처지게 되는 것이다. 이러한 감각의 발달뿐만 아니라 유아가 성장하며 갖추어야 할 전반적인 잠재력과 인성 및 성품 등에도 막대한 영향을 끼친다.

스마트폰 중독과 텔레비전에 집중된 아이들의 경우 다른 친구들과 함께 어울리는 시간이 부족할 수밖에 없다. 자신 외의 다른 사람과 관계를 맺는 것을 소홀히 하다 보니 배려하거나 이해하고 공감하며 소통하는 능력이 떨어져 사회성이 부족한 아이가 된다.

대화가 되지 않는 것은 너무도 당연하다. 자극적인 미디어와 게임을 접한 아이들은 다른 사람들의 말에 귀를 기울이지 않는다. 관심이 없기 때문이다. 선생님이나 친구, 하물며 부모와도 대화가 되지 않으며 이것은 뒤떨어진 사회성을 더욱 악화시키는 결과를 낳는다.

눈에 보이지 않는 마음의 변화도 크지만, 어른들이 알아차릴 수 있는 신체의 변화도 나타난다. 가장 흔한 것이 아이들의 눈 깜빡거림이다. 불안정한 자세로 스마트폰에 시선을 고정시킨 아이들의 눈은 안구건조증에 걸리기 쉬우며 심할 경우 각막에 손상이 올 수도 있다.

구부정한 자세로 텔레비전을 시청하고 스마트폰을 들여다보기 때문에 척추에 변형이 오는 경우도 있다. 특히 목을 길게 빼고 웅크린 자세로 오래 앉아 있는 경우, 어른들처럼 신체(목, 척추, 허리)의 통증을 느낄 수도 있다.

정서적으로 불안정한 상태가 되어 잠시도 스마트폰이 없으면 안절부절못하는 아이가 된다. 아이가 이러한 증상을 보일 만큼 중독 증상이 깊어졌다면 친구관계도 원만하지 못하다. 스마트폰 외의 일들은 아무런 흥밋거리가 되지 않기 때문이다. 더욱이 게임에 중독된 아이들이 폭력적인 성향을 드러내는 것은 너무도 안타까운 일이다.

이런 모든 부정적인 영향을 고려한다면, 우리가 가진 문명의 이기를 아이들에게 쉽게 내어줄 부모들이 있을까? 모든 중독은 치유가 쉽지 않다. 중독되기까지의 시간보다도 몇 배의 시간 동안 아이와 함께 노력하고 인내해야 한다. 그렇게 어려운 과정을 거쳐 중독을 벗어났다고 해도 또 다시 쉽게 빠져들 수도 있다. 이미 손상받은 뇌가 본래의 상태로 돌아오진 않기 때문이다. 오직 정신적 의지로 버텨야 하는데 중독 이후의 삶을 사는 아이들에게 쉬운 일일 리가 없다.

일곱 살 동민이의 치열했던 시간들

　지금은 초등학생이 된 동민이와의 지난 시간들을 다시 되돌려 생각하노라면, 나는 아직도 몹시 우울해지고 슬퍼진다. 동민이와 부모님이 겪었던 고통의 시간들도 내 가슴을 먹먹하게 하는 큰 이유다.

　동민이와의 하루는 숨바꼭질이었다. 이른 아침 출근길의 엄마 손에 이끌려 온 동민이는 늘 스마트폰을 갖고 있었다. 이제 그만 유치원으로 들어가야 한다고 선생님과 엄마가 타일러도 "딱 1분만!"을 외치며 고개를 들지 않았다. 동민이의 관심을 끌기 위해 인사를 건네거나, 일부러 아이의 키 높이만큼 쪼그려 앉아 눈을 맞추려 해도 소용없었다. 아이는 늘 몸을 돌려 외면했고, 두 눈은 스마트폰의 화면에 고정된 채 조그마한 두 손으로는 게임을 하느라 바빴다.

　참다못한 엄마가 핸드폰을 빼앗아 넣으면 큰 소리로 욕을 했다. 아이가 욕을 하며 울부짖는 통에 얼굴이 빨개진 엄마는 당황하기 일쑤였지만, 그마저도 매일 반복되다 보니 점점 익숙해져갔다. 그렇게 터진 동민이의 울음은 아버지가 함께 와주신 날에는 그나마 덜한 편이었다. 하지만 엄마와 아빠가 돌아간 후 동민이의 유치원 생활이 순탄할 리가 없다.

　동민이는 우연히 선생님들의 사무실에서 책상 위에 놓인 스마트폰을 발견하게 되었고, 아무 거리낌 없이 옷 속에 감추고는 화장실에 숨어들었다. 그렇게 시작된 동민이와의 숨바꼭질은 거의 매일 반복됐다. 아이의 습관이 그러했으므로 우리 모두 각자의 스마트폰을 잘 간수하고 눈에 띄지 않도록 보관했지만 별로 도움이 되지 못했다.

가장 큰 문제는 수업에 집중하지 못하는 동민이가 다른 아이들과 자꾸만 분쟁을 일으키는 것이었다. 딱히 분쟁의 이유는 없었다. 게임을 하지 못하니 금단증상을 느낀 동민이의 마음이 불안정해지고 짜증이 많아져 다른 아이들에게 폭력적인 행동을 하게 되는 것이었다.

"선생님, 동민이가 저 꼬집었어요!"

"동민이가 욕했어요! 저보고 XX년이래요!"

"제 공책을 동민이가 찢었어요!"

수업 중 아무 때라도 아이들의 이런 항의가 터져나왔다. 동민이네 반은 매일매일 전쟁이었고 선생님은 전쟁을 수습하느라 진땀을 흘렸다. 귀가한 아이들이 엄마에게 동민이에 대한 호소를 했고, 어머니들은 다시 선생님들께 진지한 걱정과 염려로 해결을 요청하셨다. 부모님들 입장에서 충분히 그럴 수 있는 일이었다.

자녀를 유치원에 보내는 이유는 올바른 성장과 취학 전 학습 발달에 도움을 받고자 함인데 함께 생활하는 다른 친구 때문에 내 아이가 힘들어한다면 걱정을 하게 되는 것은 너무도 당연하다. 다행스러운 것은 모두가 동민이를 염려하는 마음이었다는 것이다. 남의 아이지만 진심으로 걱정하는 마음에 동민이를 도울 수 있기를 바라셨다. 담당 교사들과 나 역시 같은 마음이었고 좀 더 적극적으로 나서야겠다는 마음에 긴 상담과 함께 해결 방안을 찾기로 했다.

"맞벌이하느라 아이와 많은 시간을 보내지 못했어요. 아기 때는 친정어머니께서 돌봐주셨지만, 어머니도 연로하시니 아이가 보챌 때마다 휴대전화를 장난감처럼 쥐어주셨는데 의외로 울음을 잘 그치고 조용해지니 매번 그러셨더라구요. 저도 쉬는 날 애가 휴대전화만 있으면 조용히 있기에 대수롭지 않게 생각하고 내맡기곤 했는데, 이런 지경이 될 줄은 정말 생각도 못했어요. 처음엔 그냥 휴대전화를 갖고 놀기만 했죠. 그런데 스마트폰으로 바뀌고 나서는 차라리 잘 됐다고 생각했어요. 만화영화도 틀어주고, 애들 유아학습 프로그램도 틀어줄 수 있으니까요. 그런데…… 애가 게임을 하게 됐어요."

깊은 한숨과 뜨거운 눈물이 보태어진 동민이 어머니의 이야기는 한참 계속됐다. 충분히 짐작했던 내용들이었다. 대부분의 아이들이 처음 스마트폰을 접하게 되는 이유와 별반 다르지 않았다. 하지만 동민이는 부모님이 너무 스마트폰에 아이를 내맡긴 경우였다. 조절 능력이 없는 아이들에게 자극적인 쾌감을 주는 스마트폰을 마음껏 가지고 놀게 해주었으니 통제 불가능한 상황인 중독까지 온 것이다.

"게임은 어떻게 하게 된 걸까요? 아이가 처음부터 알진 못했을 텐데……."

"그게…… 정말 부끄럽지만 애 아빠가 게임을 하는 것을 보고 따라 하기 시작했어요. 제가 혼내고 아빠한테도 잔소리했지만 이미 늦어버렸죠. 애 아빠도 틈만 나면 스마트폰을 열고 게임을 하니까요. 어떨 때는 둘이 나란히 앉아 말 한마디도 하지 않고 게임만 해요."

"아버님께 진지하게 말씀해보셨어요?"

"네. 그랬더니 이 인간이……."

나는 어머니의 다음 이야기에 그만 실소를 하고 말았다. 동민이 아버지는 자신을 나무라는 어머니의 말에 "냅둬. 프로게이머가 될지도 모르잖아? 지금 보니까 소질 있고만"이라고 했다며 땅이 꺼질듯 한숨을 내쉬었다.

동민이가 현재의 상태가 되기까지 어떤 과정을 거쳤고, 가정 환경이 어떠했는지 알게 되었으니 모두가 노력해 치유의 과정을 거치는 일만이 남았다. 하지만 어머니 혼자서는 불가능한 일이었다. 무엇보다도 아버지의 의식 개선이 필요했다. 그래야만 어머니와 아버지의 일관성 있는 양육이 가능하기 때문이다. 또한 아버지가 보여줄 앞으로의 역할이 매우 컸다.

첫째, 텔레비전과 스마트폰은 매일매일 사용 시간을 정하고 반 드시 지키자.

아이들이 텔레비전을 보고 싶어 하는 시간이 있다. 자신이 좋아 하는 만화영화나 유아 프로그램이 방영될 때이다. 어린 유아라면 부모가 일방적으로 정해서 하루에 30여 분 정도 텔레비전을 보게 해줄 수 있지만, 의사소통이 가능해진 아이라면 함께 대화로 시간 을 정하도록 한다.

둘째, 함께할 수 있는 다른 놀이를 찾아보자.

아빠가 나설 차례다. 아이와 함께할 수 있는, 신체를 활발히 움 직일 만한 놀이를 찾아보자. 아이가 아직 자전거를 배우지 못했다 면 자전거를 함께 타도 좋다. 축구를 함께한다거나 가까운 뒷산을 함께 오르는 것도 가족의 건강에 도움이 된다. 스마트폰을 대신할 블록을 구입하여 아이와 함께 시간을 보내는 것도 좋다. 온 가족이 함께할 수 있는 보드 게임도 좋다. 가능하면 서로 대화하고 눈을 마주치며 함께 웃을 수 있는 놀이를 찾아보자.

셋째, 부모가 먼저 달라지자.

동민이의 경우 아빠의 의식 개선이 반드시 필요했다. 프로게이 머가 직업으로 인정받는 세상이라고는 하나, 그것은 어디까지나 성장 발달이 모두 이루어진 다음의 일이다. 사람에게는 연령별 성

장 발달이 이루어지는 적정기가 있다. 유아의 시기에 게임에 빠져 있는 것은 폐쇄된 인간으로 성장시켜 아이를 망치는 일일 뿐이다. 결코 직업훈련이 이루어질 시기가 아니다. 한 인간으로서, 존재로서, 다양한 계층의 사람과 친구를 만나 올바른 사회성을 보이고 훌륭한 인품의 인재로 자라나 행복한 삶을 살기를 바란다면 유아 시기의 성장을 허투루 생각하지 말아야 한다.

부모가 달라지면 아이도 반드시 달라진다. 아이 앞에서 게임을 하거나 비뚤어진 자세로 텔레비전 시청을 하는 등의 모습은 바람직하지 않다. 우리 아이들의 현재 모습이 곧 부모가 보여준 지난 시간의 모습임을 늘 잊지 말자.

넷째, 텔레비전 시청은 부모가 함께하자.

텔레비전을 바보상자라고 한다. 대화를 단절시키고 생각을 멈추게 하며 오직 시각적 자극만으로 사람을 꼼짝 못하게 묶어놓기 때문이다. 하지만 텔레비전이 바보상자라는 오명을 벗어나는 방법이 있다. 올바른 프로그램을 가족이 함께 시청하며 대화를 나누면 가능하다. 스포츠 중계만 보는 아빠, 막장 드라마만 골라보는 엄마, 연예오락 프로그램에만 관심 가진 가족들이라면, 우리 아이들이 어떤 대화를 나눌 수 있을까?

재미있게 뛰어놀다가 "4주 뒤에 뵙겠습니다"라며 이혼을 주제로 한 어느 프로그램의 대사를 흉내 내는 한 아이를 보며 웃음이

나왔지만 마음은 개운치 못했다. 문명의 이기가 사람을 배신하지 않도록 하려면, 그것을 올바르게 이용하려는 사람의 노력이 필요하다. 부모 스스로 건전한 프로그램에 관심을 갖고 귀 기울인다면 아이들의 관심사 또한 부모와 평행선에 놓일 것이다. 동물 관련 프로그램이나 어린이 전문 방송들의 유익한 프로그램, 자연 다큐멘터리 등은 내용이 어려워도 대화를 통해 아이에게 지도하며 함께 시청할 수 있다.

동민이는 꽤 오랜 시간을 힘겹게 보냈다. 하지만 동민이가 아빠와 함께 수영을 배우기 시작했고, 리모트컨트롤로 조종하는 조립식 비행기를 함께 만들어 실외 활동을 하게 되었을 때 점차 평화를 되찾을 수 있었다.

"제가 동민이 덕분에 건전한 취미 활동을 하게 됐습니다."

동민이가 유치원을 졸업할 즈음, 동민이 아버지가 하신 말씀이다. 지나고 보면 어떻게 그 긴 시간을 견뎌냈을까 싶다고도 했다. 너무도 다행인 것은 그 지난했던 반년여의 시간 동안, 단 한 번도 부모님이 화를 내거나 매를 들며 분노한 적이 없다는 것이다. 대신 매일 틈이 날 때마다 안아주었다. 곁에서 돌봐주지 못했던 시간들만큼 아이를 안아주었고, 소통하지 못했던 시간들만큼 눈을 맞춰 마주 보았다.

혼자만의 세상에 갇혀 있던 동민이가 스마트폰에 가졌던 엉뚱한 애착심은 다시 부모에게로 돌아왔다. 아주 가끔 스마트폰을 만지작거리며 게임을 하고 싶어 할 때도 있지만, 동민이도 이제 잘 알고 있다. 스마트폰으로 게임을 하는 것보다 아빠와 함께 비행기를 조립하거나 수영을 한 뒤 맛있는 간식을 먹으며 대화하는 것이 훨씬 행복하다는 것을…….

알고 보면, 동민이는 외로웠던 것이다. 외로움 속에서 자신을 끊임없이 쾌락에 젖게 했던 스마트폰 게임이나 텔레비전과 사랑에 빠질 수밖에 없었던 것뿐이다.

영어는
소통이며 환경이다

바야흐로 글로벌 세상이다. 세계화라는 표현을 굳이 쓰지 않아도 지구 반대편의 나라가 멀게 느껴지지 않고 친숙하게 여겨지는 것은 다양한 미디어와 정보통신 기기, 인터넷 등의 발달로 얻은 혜택이리라. 그래서 각국의 언어와 상관없이 소통을 위해 만국 공통어로 영어를 쓰고 있다. 힘 있는 선진국이 영어권에 치중되어 있기 때문이기도 하지만, 세계 지도로 구분된 237개국의 각 국민과 소통하기 위한 대표 언어가 영어라는 사실은 부정하기 힘들다.

세계적으로 남다른 교육열을 갖고 있는 우리 대한민국 어머니들은 이미 오래전부터 영어교육의 중요성을 유난히 강조해왔다. 그리고 현재도 영어에 대한 교육열은 거의 필사적이라 할 만큼 뜨

겁다. 자녀가 글로벌 인재로 제 몫을 다하기를 바라는 마음은 지구
가 망하지 않는 한 영원할 것 같다.

　그래서인지 요즘의 아이들은 영어에 아주 능숙하다. 아니, 외국
사람을 만나도 낯설어하지 않고 적극적이며 매우 친화적이다. 우
리가 어렸을 때 벽안(碧眼)의 외국인을 보고 움찔거렸던 것과 많이
비교된다. 오히려 다가가 말을 걸고 영어로 유창하게 대화하며 길
안내를 해주는 학생들을 보면 대견하고 기특한 마음을 주체하기
힘들 정도다.

　이렇게 언어는 사람과 사람 사이의 의사소통을 가능하게 한다.
소통이 이루어진다는 것은 곧 새로운 관계의 형성을 뜻한다. 그러
므로 글로벌 세상에서 영어가 갖는 의미는 우리의 자녀가 대한민
국이라는 울타리를 벗어나 더 넓은 세상에서 다양한 민족과 소통
하며 유능한 인재로 살아가게 됨을 말한다.

영어교육 언제가 좋을까?

♥

　조기교육과 선행 학습에 유난히 집착하는 어머니들은 아이의
첫 말문이 열리는 순간부터 영어를 가르쳐야 하는 것은 아닐까 조
바심을 낸다. 하지만 엄밀히 말하면 아이들에게 언어 학습은 모국
어가 우선되어야 하며, 말문을 떼었다고 해서 모든 아이가 외국어

를 배울 결정적 시기가 된 것은 아니다.

마리아 몬테소리 여사는 자신의 저서 『어린이의 비밀』에서 '민
감기'의 유아는 모든 학습에 예민하게 반응하고 학습 효과가 뛰어
나다고 했다.

민감기는 다시 반복되지 않는다는 특성이 있다. 특히 2~7세 유
아는 언어 발달에 민감한 시기다. 개인 편차가 있지만 이 시기의
아이들 대부분은 읽거나 쓰고 말하는 것에 민감해지고 효율적인
학습을 하게 됨으로써 일정한 능력을 얻을 수 있다.

또한 부모로서는 아이와 매일 생활하며 어떤 학습에 민감하게
반응하는지 알아차릴 수 있다는 장점이 있다. 아이를 가장 가까이
에서 지켜볼 수 있기 때문이다. 2~7세의 언어에 민감한 시기에 해

당된다 하더라도 아이가 반응하는 것에 따라 적절한 방법의 자극을 주는 것이 바람직하다. 2세가 넘었다고 무조건 영어를 시작하는 것이 정답은 아니라는 뜻이다.

아이가 말문이 트여 어느 날은 소리를 내고 언어 표현을 하는 것에 집중할 때도 있다. 혹은 글씨를 쓰는 것에 몰입하며 글자를 익히는 것에 관심을 보일 때도 있다. 이러한 상황을 빠르게 알아차린 후 효과적인 방법으로 아이의 발달을 돕는 것이 좋다.

다만, 한 가지 유의하자. 이때의 교육은 조기교육도 선행 학습도 아니다. 아이의 민감기에 적절히 오감을 자극하여 깨우고 발달을 돕는 것임을 잊지 말아야 한다. 조기교육이라고 생각하게 되면 엄마의 마음이 조급해질 수도 있다. 천천히 여유롭게 아이에게 가장 알맞은 환경을 만들어주되, 과욕은 금물이다.

하지만 어떤 경우라도 모국어로 생각하고 말하는 것이 우선이다. 우리말과 영어는 체계부터 달라서 둘 다 익히기에는 아이가 혼란스러워하고 힘들어할 수도 있다. 그러므로 모국어를 안정적으로 먼저 익히게 하는 것이 좋다.

주입하지 말고 자연스럽게

♥

유아가 새로운 언어를 익힌다는 것은 학원에 앉혀놓고 가르치는 것과 전혀 다르다. 모국어인 한국말을 일상에서 자연스럽게 익히듯, 영어 또한 같은 과정이 필요하다. 아이가 '엄마'를 익힐 때 'ㅇ'을 가르치고 'ㅓ'와 'ㅁ'을 가르쳐 입으로 '엄'을 발성하게 한 것이 아닌 것처럼 영어 또한 자연스럽게 친숙해지도록 해야 최적의 효과를 얻는다.

유아에게 무리해서 알파벳을 가르치려고 하지 않아도 된다. '엄마'를 말할 수 있었던 것처럼 '마마(mama)'를 말할 수 있으면 된다. 맛있는 사과를 먹으며 자연스레 '사과'를 말한 것처럼 '애플(apple)'을 알게 하자. 아이가 한창 말하기에 집중하고 있다면 일상에서 접하는 언어들을 즐겁게 받아들여 자기 것으로 만들게 된다.

언제나 놀이가 최선이다

유아의 학습과 발달은 대부분 놀이를 통해 이루어진다. 언어교육뿐만 아니라 수의 개념을 익히는 수학 학습이나, 감각교육과 일상생활에서의 훈련 대부분이 그렇다. 유아는 자신을 통제하고 감정을 조절하는 능력이 서투르기 때문에 오랜 시간 앉아서 집중하지 못한다. 따라서 유아에게 학습이란 즐거운 놀이라야만 한다.

영어에 친숙해지기 위해서는 노래와 교구를 통한 놀이가 필요하다. 또한 영어가 재미있게 즐길 수 있는 대상이라는 것을 아이들이 인식할 수 있도록 해주자.

이 시기의 아이들을 대상으로 하는 교구들은 모두 공통적인 특징을 갖고 있다. 아이들이 장난감처럼 갖고 놀 수 있고 흥미를 유발할 수 있다는 점이다. 유아는 단순하다. 재미없으면 놀아주지 않는다. 놀이가 되지 않으면 학습 효과도 없다. 재미있는 율동과 쉬운 멜로디로 만들어진 영어 동요는 아이들이 따라 하기 쉬워 쉽게 효과를 불러올 수 있다.

선택은 언제나 아이가

많은 엄마가, 아이가 영어로 된 책을 읽고 있는 모습을 기대한다. 그래서 아이가 좋아할 만한 영어 동화책을 비싼 가격에도 망설이지 않고 구입한다. 최근에는 영어 동화책을 쉽게 접할 수 있는 영어도서 리딩클럽도 많이 생겼다. 아이들이 직접 자신이 읽을 책을 선택할 기회가 많아진 것이다. 엄마가 선택해준 책보다 아이 스스로 고른 책이 더 많이 읽힐 수 있다. 스스로 고른 것이라 흥미와 애정을 갖게 되기 때문이다. 또한 리딩클럽의 전문가들을 통해 적절한 도움을 받을 수도 있다. 그러나 언제나 결정은 아이 몫으로 할 때 아이의 영어에 대한 애정이 식지 않을 것이다.

발음이 나빠도 지적하지 말자

한창 호기심을 갖고 영어를 시작한 아이에게 발음을 자꾸 지적하는 것은 곤란하다. 정확도보다는 영어에 대한 호감과 즐거움이 필요한 아이에게 지적하고 핀잔하는 것은 자신감을 잃게 하기 때문이다.

새로운 언어를 익힐 때는 서툴러도 아이의 입으로 직접 말하게 하는 것이 발전을 가져온다. 머리로만 익히고 말하지 못하는 외국어가 무용지물이라는 것은 우리가 너무도 잘 알고 있지 않은가? 아이가 정말 '영어로 말할 줄 아는 아이'가 되게 하고 싶다면 핀잔보다 격려가 필요하다.

Tip

아이가 영어를 싫어하게 만드는 방법

- 학원에 모든 걸 믿고 맡기기
- 이웃집에서 하는 것은 무엇이든 따라 하기
- 무조건 외우라고 강요하기
- 학습지에 줄 따라 베껴 쓰게 하기
- 이웃집 아이와 비교하기
- 배운 것을 해보라고 잔소리하기

- 오디오, 비디오테이프, 영어 동화책 세트 최대한 많이 구입해주기
- 영어 시험 결과에 꾸중하고 협박하기
- 엄마 아빠는 영어 공부를 하지 않고, 자녀에게만 시키기

아이가 영어를 좋아하게 만드는 방법

- 우리말처럼 자연스럽게 경험하기
- 영어는 재미있다고 생각하게 도와주기
- 다양한 방법으로 제시하기(실물, 상황, 놀이, 노래 등)
- 통 문장으로 말해주기
- 아이가 스스로 영어책 골라보게 하기
- 공부가 아닌 놀이로 접근하기
- 발음에 너무 신경 쓰지 않기
- 엄마 아빠도 즐겁게 영어 공부하기

초등학교 입학,
준비가 필요하다

내가 어렸던 시절에는 유치원에 다니는 아이들이 그리 많지 않았다. 그래서 초등학교 입학을 앞두고 있던 조막만 한 가슴이 더욱 설레고 떨렸던 것 같다. 세상에 대해 잘 모르면서도 집이 아닌 낯선 세상으로 나간다는 무의식적인 떨림이었다고 해야 할까? 책가방을 등에 메고 학교로 향한다는 것은 분명 태어나 처음 맛보는 '성장의 기쁨'이었다.

요즘은 유치원을 거쳐 초등학교에 입학하게 되므로 조금은 그 기쁨이 달라졌을 수도 있겠다. 하지만 학교에 입학한다는 그 기쁨과 즐거움은 부모에게나 아이들에게 여전히 성장의 증거가 되지 않을까.

물론 내 아이가 이만큼 자랐다는 뿌듯함만이 전부는 아닐 것이다. 아이가 새로운 생활에 잘 적응할지 걱정이 생겨나는 것도 어쩔 수 없다. 또한 무한한 경쟁 구도의 사회에 살아가게 되는 우리 인간의 입장에서 보면, 초등학교가 이제 본격적인 시작이라고 해도 과언이 아니다. 공부를 통해 머릿속에 채워야 할 것도, 친구들과 선생님을 통해 마음 가득 쌓아야 할 것들도 많다. 관계를 통해 배우고 학업을 통해 익혀야 할 것들 앞에서 내 아이가 과연 잘 겪어 낼 수 있을지 염려하는 것은 당연한 부모의 심정이리라.

우리 세대와 다른 세상을 살고 있는 자녀들, 이제는 초등학교 입학에 여러 가지 준비가 필요하다. 물론 발 빠른 엄마가 정보를 구하고 자녀에게 대비하도록 이끈다. 학교에 입학한다고 가슴에 붙일 손수건 한 장과 새 책가방과 새 옷이면 충분했던 세상이 아니기에 엄마들도 아이들도 수고스러울 수밖에…….

아이들에게 공주 옷, 왕자 옷은 곤란해요

품 안에서 꼼지락거렸던 아가들이 어느새 훌쩍 성장하여 책가방을 둘러메고 학교로 향하는 모습은 감동이 아닐 수 없다. 부모의 기쁨이 무엇일까? 자녀가 '나 이만큼 컸어요'라는 모습을 보일 때 절로 미소를 짓게 되니 그것이 자녀를 키우는 행복 아닐까?

그러다 보니 엄마들은 신학기 첫 등교를 맞이한 아이가 예쁜 옷을 입고 다른 아이들보다 근사해 보이길 바라는 경우가 많다. 될 수 있으면 똑똑해 보이도록, 착하고 밝아 보이도록, 혹은 선생님 눈에 조금이라도 더 띄고 새 친구들에게도 더 큰 호감을 받을 수 있도록 멋진 새 옷을 준비하게 된다.

대개의 아이들은 갓난아이 때부터 유아기를 거쳐 초등학교 저학년 시기까지는 부모가 정해준 옷을 입는 경우가 많다. 여자아이의 옷장엔 분홍색이 넘쳐나고 남자아이의 옷장엔 파랑색이 가득하다. 레이스가 달린 블라우스나 입기 불편한 타이즈를 신고 나풀대는 스커트를 입는 공주 모습의 여자아이, 머리를 제법 멋들어지게 빗어 넘기고 타이에 멜빵까지 멘 남자아이도 종종 보인다.

하지만 유감스럽게도 아이들에게 이런 옷은 매우 불편할 수밖에 없다. 낯선 학교에서 스스로의 힘으로 화장실도 이용해야 하는데, 수업 시간이 끝나고 짧은 쉬는 시간 동안 화장실에 가게 될 경우, 생리 현상을 제대로 조절하지 못한 아이는 옷을 내리다 실수하게 될 수도 있다.

아이들이 입고 벗기에 불편하지 않도록 허리에 단추나 후크가 있는 것이 아니라 고무줄로 된 옷이 좋다. 몸에 꽉 끼는 타이즈 등 몇 겹을 켜켜이 겹쳐 입어야 하는 옷도 불편할 수 있다. 물론 선생님들이 도와주시기는 하지만 그래도 아이들이 움직이기에 불편한 옷보다는 활동하기 편한 옷이 좋다. 어른들도 슈트를 입었을 때보다 간편한 캐주얼 차림을 더 편하게 느끼지 않던가. 학교에서의 공부란 예의를 갖추고 비즈니스를 하는 곳이 아니다. 아이들에게는 정장이 아닌 캐주얼을 입혀 활동성을 높여주는 것이 좋다.

학교생활을 위한 올바른 습관과 예절을 미리 익히게 하자

♥

"학교 가면 선생님 말씀 잘 들어야 해!"

부모라면 누구나 자녀에게 이렇게 말할 것이다. 하지만 나는 묻고 싶어진다. 대체 뭘? 어떤 말을 잘 들어야 한다는 것일까? 그저 듣기만 하면 되는 것일까? 말을 잘 들으라는 것은 선생님께 순종하라는 의미일까? 아마 그럴지도 모른다. 가정 내에서 "엄마 말 잘 들어"라는 말을 했던 것처럼 학교에서도 '말 잘 듣는 아이'가 되기를 원한다.

나는 유아교육 전문가로서 우리 아이들이 저마다 주도적인 삶을 살아갈 바탕을 갖게 되길 희망한다. 그저 어른들이 시키는 대로 '말 잘 듣는 아이'가 된다면, 삶의 주인이 되어 꿈을 세우고 스스로 노력하는 주도적인 삶을 살아가는 것에 소극적일 수밖에 없다. 그러므로 부모들은 내심 늘 외치던 '말 잘 들어'에 대해 한 번쯤 깊이 생각해볼 필요가 있다. 말 잘 들으라는 말이 결국 '엄마 기분 상하게 하지 마'가 아니었을까?

주도적인 삶을 살아갈 꿈나무가 되기 위해서 가장 바탕이 되는 것이 올바른 생활 습관이라 생각한다. 엄마가 깨우지 않아도 학교에 가기 위해 스스로 일어나 양치하며 책가방을 정리하는 등 스스로 행동하는 생활이야말로 부모에게 의존하지 않고 독립하는 시작점이다.

아이들이 초등학교에 입학하고 나면 새로운 규칙과 규율을 배우고 익히게 된다. 아무 때나 화장실에 가는 것이 아니라 정해진 시간에 가야 하고, 선생님과 친구들에게 예의를 갖춰 인사도 할 줄 알아야 하며, 질서도 스스로 지키고, 자신의 물건 또한 똑똑하게 챙길 줄 아는 습관을 키워야 한다.

입학 전에 올바른 생활 습관을 갖고 있었던 아이라면 아무런 문제가 없겠지만, 만약 그렇지 못하다면 단체생활인 학교에서의 일상에 꼭 지켜져야 할 생활 규칙을 아이에게 미리 알려주는 것이 좋다. 또한 가장 중요한 '스스로 해결하기'를 조금씩 연습시키고 칭찬을 통해 발전시키는 것이 좋다.

혼자 옷 입기, 양치하기, 방과 후 집에 돌아와 숙제하기, 미리 책가방 정리하기 등 아이들이 홀로서기 위해 배워야 할 것들이 점점 많아진다. 밤늦게까지 텔레비전을 시청하는 것도 금물이다. 아이를 침대로 보내놓고 거실에서 텔레비전을 보는 부모의 습관도 자제해야 한다. 아이는 생각할 것이다. '나만 자라고 하고 엄마랑 아빠는 둘이서만 재미있게 텔레비전을 보고 있다'고……

평소 아이의 생활 습관에 미진한 부분이 있었다면 입학 전에 미리 바로잡아주고, 아이가 소외감을 느끼지 않도록 부모도 함께 노력하는 모습을 보여주면 좋다. 그리고 다시 반복하지만, 아이에겐 칭찬이 힘이다. 무엇을 잘했는지, 아이의 어떤 모습이 훌륭했는지, 엄마가 가르쳐준 대로 노력하는 아이에게 격려를 아끼지 말자.

초등학교 1학년, 스마트폰이 필요할까?

손꼽을 수 있는 스마트폰의 폐해는 그 장점과 편리함을 덮기에는 너무 역부족인 듯싶다. 이미 대다수의 아이가 스마트폰으로 건강을 잃고 있다는 것이 언론을 통해 많이 알려져 있으니 두말할 필요도 없겠다.

어디 그뿐인가. 아이들이 스마트폰 게임에 중독되어 학업은 소홀히 하게 되고 집중력도 잃게 된다. 채팅 어플을 통해 일부 그릇된 어른들에게 입던 스타킹이나 속옷을 팔아 유흥비를 마련하고 있다는 사실은 믿기조차 힘들 정도다. 때문에 부모들은 학업에만 전념해야 할 학교에서만큼은 스마트폰을 사용하지 않기를 갈망한다. 아이에게 스마트폰을 사주지 않아야 한다고 입을 모으기도 한다.

그러나 그 편리함 또한 포기하기 힘든 일이다. 경비가 허술한 틈을 타서 학교에 숨어들어 어린 여학생을 성폭행하고 평생의 삶에 상처를 낸, 인간이기를 거부한 짐승의 몸부림들은 극악무도하기 그지없다. 우리 아이들은 이러한 수많은 위험에 노출되어 있고, 학교에서 돌아올 때까지 기다려야만 하는 부모의 심정, 특히 딸을 가진 엄마들의 마음은 늘 좌불안석이다.

스마트폰을 갖고 있다면 학교가 파했음을 아이가 알려올 수 있다. 혹시라도 아이가 연락 두절되는 사태가 발생한다면 행적을 좇아 위치 추적이라도 가능한 세상이다. 그러니 우리는 이 문명의 이기를 어쩌지 못하고 갈등에 빠지는 것이다.

부모들이 초등학교 입학 전에 스마트폰에 대해 진지한 고민을 하는 경우, 나는 일단 아이가 성장한 이후로 미루자는 선택을 정중히 권해드린다. 아이와의 연락 두절이 걱정될 수 있겠지만 요즘은 소정의 금액만 지불하면 학교에서 직접 등하교 알리미 서비스를 해주는 곳이 많다.

또한 정작 필요한 순간에는 아이를 지켜주기보다 사건 발생 이후 위치 파악 정도만 가능한 스마트폰에 의지하지 말고, 아이 스스로 자신을 슬기롭게 지켜낼 수 있도록 가르치는 것이 옳다.

낯선 사람이 다가와 부모의 심부름이라며 따라오게 한다거나, 맛있는 간식으로 유혹하는 어른들을 경계하는 마음, 주위의 친구가 낯선 사람에게 강제로 끌려가는 듯한 상황일 때 보여줄 수 있는 행동, 주변 어른들에게 도움을 구하는 방법 등등……. 세상을 살아가며 나 자신을 온전히 지켜낼 수 있는 현명함을 가르치자.

아이가 조금 더 성장하여 자신의 목소리로 당당하게 "안 돼! 싫어요!", "도와주세요!"라고 외칠 수 있다면, 스마트폰 백 개쯤 갖고 있는 것보다 훨씬 안전해진다. 또한 워킹맘이 아니라면 아이에게 조금 더 신경 써 등하교를 지켜봐주는 것도 좋은 방법이다. 때로는 편리함이 아이를 해치는 독이 될 수도 있다.

워킹맘이 꼭 알아두어야 할 '방과 후 돌봄 교실'

♥

직장에 다니는 엄마들이 늘 걱정하는 것은 방과 후 아이가 홀로 고독하게 보내야 할 시간들이다. 외할머니나 친할머니 등 돌보아주시는 어른이 계신다면 아무 문제 없겠지만 요즘처럼 한 자녀가 많은 경우는 특히 더 걱정과 염려가 쌓이게 된다. 때문에 초등학교 입학 전에 반드시 알아봐야 할 정보가 있다면 방과 후 시간을 보낼 수 있는 '돌봄 교실' 등이다.

초등학교 저학년을 대상으로 교육부의 책임하에 '방과 후 돌봄 교실'을 운영하는 학교가 많이 있다. 부모가 퇴근하여 자녀를 데리러 올 수 있는 시간까지 지도교사가 아이들과 함께 해준다. 아이들은 양질의 교육 프로그램으로 이루어진 취미 활동, 줄넘기 같은 체육 활동, 숙제를 하며 시간을 보낸다. 또한 학교에 따라 식사와 간식을 제공하는 곳도 있다(http://www.afterschool.go.kr 참조).

만약 자녀가 입학한 초등학교에 방과 후 돌봄 교실이 없다고 해도 실망할 필요는 없다. 이런 경우 지역아동센터에서 운영하는 아동복지 서비스가 있다. 아울러 저학년 아동은 해당되지 않지만, 고학년이 되면 여성가족부가 운영하는 '청소년 방과 후 아카데미' 이용이 가능해진다(http://www.youthacademy.or.kr 참조).

이러한 방과 후 돌봄 교실의 이용은 어떠한 점에서는 아이들에게 더욱 유익하고 효율적인 시간이 될 수도 있다. 방과 후의 시간을 의미 없이 보내기 쉬운 아이들이 모여 교사의 지도 아래 숙제를 하거나 건전하고 재미있는 여가 활동을 통해 성장을 꾀할 수도 있기 때문이다.

부모의 힘만으로는 자녀를 보호하기 힘든 세상이라 해도 과언이 아니다. 이 점은 부모들만이 느끼는 것이 아니라 우리 모두 공감하고 있다. 공감과 필요에 의해 만들어진 많은 프로그램을 유용하게 활용한다면 자녀 양육에 필요한 수고와 고민을 조금이라도 덜어낼 수 있다. 적어도 아이가 고독한 시간을 홀로 견뎌내지 않아도 된다.

방과 후의 시간, 어떻게 활용할까?

이르면 초등학교 입학 전 유치원 시절부터 학습지에 시달리는

아이들……. 텔레비전에 나오는 학습지들의 현란한 광고들을 보면 그것이 마치 아이들에게 큰 즐거움이라도 되는 듯이 보인다. 그러나 굳이 따지자면 학습지의 시작은 곧 자녀에게 스트레스의 시작이라 보아야 한다. 한창 뛰어놀며 마음교육에 힘써야 할 아이들이 시작부터 문제 풀이 학습지 숙제에 시달리기 시작하니 어찌 스트레스가 아닐 수 있을까.

과도한 학습지 공부로 우울증을 겪으며 마음 가득 상처가 남은 아이들이 유치원에서 어떤 모습과 행동으로 나를 슬프게 했던가를 나열하자면 책 한 권으로는 부족하다.

'공부에는 때가 있다'고들 한다. 공부하기 알맞은 때를 말하는 것이다. 옳은 말이다. 공부에는 저마다 때가 있다. 그리고 우리 유아들에게는 학습지를 통해 수학 문제를 풀고 영어와 국어 문제 풀이를 하는 것이 아닌, 시기에 맞는 적절한 발달을 유도해낼 공부가 필요하다. 그럼에도 불구하고 많은 엄마가 욕심껏 '남들보다 빨리'라는 명목하에 선행 학습을 시도하곤 한다.

유아나 초등학교 저학년 시기는 수학 공식이나 영어 문법보다 예체능 계열의 학습 지도로 정서적인 안정, 예술적 감각과 감성 및 오감 발달에 역점을 두는 것이 바람직하다. 이 시기가 바로 우리 어른들이 늘 말하는 '때', '적기'이기 때문이다.

방과 후 돌봄 교실이 필요하지 않은 아이이건 필요한 아이이건, 부모들은 아이가 사교육을 시작해야 하는 것이 아닐까 갈등하게 된다. 국어와 영어 등 대부분의 과목을 지도하는 보습 학원을 슬슬 주변 지인들에게 물어보게 되고, 실제로 학원 설명회를 참관하고 오기도 한다.

시장은 이미 형성되어 있고, 공급자도 정해져 있다. 거기에 수요를 망설이는 학부모들이 존재하니 누군가 조금만 거든다면 아이들은 지체 없이 학원으로 보내진다. 무수하게 쏟아지는 정보들이 저마다 '고급정보'를 가장하며 '어느 학원이 좋다'고 엄마들의 입에 오르내린다.

하지만 조금만 마음을 가다듬고 본다면 아이들은 아직 그럴 만큼 충분히 성장하지 않았음을 알 수 있다. 아이들은 초등학교 입학을 앞두고 있지만 여전히 손으로 만지고, 온몸으로 뛰며, 예쁜 입을 오물거려 노래하길 즐긴다. 아직은 그럴 나이라는 것, 내 아이에게 지금 필요한 것은 수학을 잘하는 방법이 아니라 온몸을 움직이고 마음으로 받아들여 가슴을 따스하게 할 수 있는 것들임을 엄마들이 이해해줄 필요가 있다.

갈등은 겪지만 많은 엄마가 자녀들의 이 시기를 적기로 여기고 그에 맞는 교육을 시킨다. 피아노 학원, 발레 교습소, 수영, 줄넘기 교실, 종이접기, 미술 학원 등등…….

혹시라도 초등학교 입학과 함께 유명 브랜드의 사교육 학원이나 학교 전교 학생회장이 다닌다는 보습 학원의 설명회를 기웃거렸다면 아이를 품에 살포시 안아보자. 아직 내 아이가 얼마나 작고 여린지, 지금 필요한 것이 문제 하나 더 풀어내는 데 쓸 공식 외우기가 아니라 무한한 상상력으로 꿈을 키울 공부인지 확실히 알 수 있다.

초등학교 저학년, 아직은 놀면서 인생을 배우는 시기다. 엄마는 자녀에게 아군이 되어야지, 적군이 되어선 곤란하다. "엄마, 미워!"라는 말은 듣지 말자.

국립중앙도서관 출판시도서목록(CIP)

행복한 아이는 무엇으로 성장하는가 / 지은이: 하진옥. --
고양 : 세종미디어, 2014
　　p. ;　　cm

ISBN　978-89-94485-17-1 13590 : ₩13500

자녀 양육[子女養育]

598.1-KDC5
649.1-DDC21　　　　　　　　　　　　　　CIP2014011825

행복한 아이는 무엇으로 성장하는가
- 영혼이 강한 아이로 키우는 마음교육 -

초판 1쇄 인쇄 2014년 5월 2일
초판 1쇄 발행 2014년 5월 8일

지은이 | 하진옥
펴낸이 | 채규선
펴낸곳 | 세종미디어(등록번호 제 2012-000134, 등록일자 2012.08.02)
주소 | 경기도 고양시 덕양구 화정동 1141
전화 | 031-978-2692
팩스 | 02-335-6650
이메일 | sejongph8@daum.net
본문·표지 | 미토스
기획 | 출판기획전문 엔터스코리아

© 하진옥

ISBN 978-89-94485-17-1 (13590)

* 값은 뒤표지에 있습니다.
* 잘못 만들어진 책은 구입처에서 교환 가능합니다.
* 세종미디어는 여러분의 아이디어와 양질의 원고를 설레는 마음으로 기다립니다. 출간을 원하는 원고
　의 구체적인 기획안과 연락처를 기재해 보내주세요.